Packt>

Managing Data Science

数据科学
项目管理实践

[俄罗斯] 基里尔·杜博尔科夫（Kirill Dubovikov） 著
刘继红　付超　侯永柱　译

中国电力出版社
CHINA ELECTRIC POWER PRESS

内 容 提 要

本书介绍了克服日常面临的各种挑战的实践知识，以及各种数据科学解决方案，主要包括数据科学概论，机器学习模型测试，人工智能基础，理想的数据科学团队，数据科学团队招聘面试，组建数据科学团队，创新管理，管理数据科学项目，数据科学项目的常见陷阱，创造产品与提升可重用性，实施 ModelOps，建立技术栈和结论。

本书的目标读者是希望有效地引入数据科学工作流程以提升组织效率、改进业务的数据科学家、数据分析人员和项目主管。了解一些数据科学的基本概念有助于本书的阅读。

图书在版编目（CIP）数据

数据科学项目管理实践 /（俄罗斯）基里尔·杜博尔科夫（Kirill Dubovikov）著；刘继红，付超，侯永柱译. —北京：中国电力出版社，2023.1

书名原文：Managing Data Science

ISBN 978-7-5198-6976-2

Ⅰ. ①数… Ⅱ. ①基… ②刘… ③付… ④侯… Ⅲ. ①数据管理 Ⅳ. ①TP274

中国版本图书馆 CIP 数据核字（2022）第 137875 号

北京市版权局著作权合同登记 图字：01-2020-2468

出版发行：中国电力出版社
地　　址：北京市东城区北京站西街 19 号（邮政编码 100005）
网　　址：http://www.cepp.sgcc.com.cn
责任编辑：刘　炽（010-63412395）
责任校对：黄　蓓　王小鹏
装帧设计：王红柳
责任印制：杨晓东

印　　刷：北京雁林吉兆印刷有限公司
版　　次：2023 年 1 月第一版
印　　次：2023 年 1 月北京第一次印刷
开　　本：787 毫米×1092 毫米　16 开本
印　　张：13
字　　数：270 千字
印　　数：0001—2000 册
定　　价：68.00 元

感谢我的家人，是他们信任和鼓励我写这本书。感谢我的妻子和孩子们，是他们在写作期间给予了我巨大的支持和关爱。感谢我的朋友和编辑们，是他们激励我、帮助我使这本书更加完善。

没有你们，就没有这本书。

前　　言

数据科学和机器学习能够促进组织转型，创造新机会。任何数据科学项目都是研究、软件工程和业务经验的独特组合。从原型开发到实际应用，需要扎扎实实的管理指导。以往的方法往往因为强调不同的条件和要求而屡屡失败。本书介绍经过实证的数据科学项目管理方法，用最佳实践和实用提示帮助用户走上正轨。

借助这本书，你将了解数据科学和人工智能的实际应用，能够将它们融入你的解决方案中。你将穿过数据科学项目的生命周期，探究每一步可能遇到的常见陷阱，学会如何规避。任何数据科学项目都需要结构合理的实力团队，本书将为你广揽英才、打造数据科学的实力团队建言献策。本书还将告诉你如何利用 DevOps 有效地管理和改进数据科学项目。

读完这本书，读者将拥有应对日常面临的各种挑战所需的实践知识，掌握各种数据科学解决方案。

本书的目标读者

本书的目标读者是希望有效地引入数据科学工作流程以提升组织效率、改进业务的数据科学家、数据分析人员和项目主管。了解一些数据科学的基本概念有助于本书的阅读。

本书涵盖的内容

第 1 章，*数据科学概论*。本章讨论人工智能、数据科学、机器学习、深度学习以及因果推理的实际应用。

第 2 章，*机器学习模型测试*。本章解释如何通过模型测试区分好与不好的解决方案。本章还介绍不同类型的度量指标，借助数学函数评价预测质量。

第 3 章，*人工智能基础*。本章探究数据科学的内部工作原理，阐述机器学习和深度学习背后的一些主要概念。本章还给出数据科学的简要介绍。

第 4 章，*理想的数据科学团队*。本章解释如何组建和维持能够交付复杂多功能项目的数据科学团队。本章还阐述软件工程以及获得软件开发团队帮助的重要性。

第 5 章，*数据科学团队招聘面试*。本章介绍如何完成一次有效的数据科学团队面试。本章还阐述面试之前设定目标的重要性。

第 6 章，*组建数据科学团队*。本章为组建数据科学团队提出工作指南。你将了解组建成功团队的三个关键因素和领导者在数据科学团队中的角色。

第 7 章，*创新管理*。本章讨论创新以及如何管理创新。你将了解如何识别具有实际价值的项目和问题。

第 8 章，*管理数据科学项目*。本章讨论为团队分解和规划任务的数据科学项目全生命周期，还探讨如何区分数据分析类项目和软件工程项目。

第 9 章，*数据科学项目的常见陷阱*。本章深入探讨数据科学项目的常见陷阱，剖析增加项目相关风险的错误并按数据科学项目生命周期逐个予以消除。

第 10 章，*创造产品与提升可重用性*。本章介绍如何培育数据科学产品和通过采用可重用技术提升内部团队的绩效。本章还介绍改进项目可重用性的策略，讨论根据经验开发自主产品的条件。

第 11 章，*实施 ModelOps*。本章讨论 ModelOps 与 DevOps 的关系以及 ModelOps 运行的主要步骤。本章还介绍管理代码、数据版本化以及团队成员之间共享环境等策略。

第 12 章，*建立技术栈*。本章介绍如何建立和管理数据科学的技术栈。本章还讨论核心技术栈与项目专用技术栈的区别，研究比较不同技术的分析方法。

第 13 章，*结论*。本章提供帮助你增加数据科学领域的知识的书籍清单。

阅读本书之前所要做的准备

本书希望对非技术专业人员是自成体系且通俗易懂的，并不要求事先掌握数据科学、机器学习和编程知识。对统计和数学优化有基本的了解是有益的，但也不是必需的。

在软件开发、项目管理以及 DevOps 的主要概念方面有专业知识将对读者有所帮助，因为本书描述的方法与这些方法类似。

数据科学项目管理方法还远远不够完备。事实上，也永远不会完备。针对某种情况下每个业务的所有问题，绝对没有什么放之四海而皆准的解决办法。本书并不是要确立具体的复杂的管理流程，而是给出针对性的策略和实用性的建议。希望本书能成为你畅游数据科学世界的指导书。

下载彩色配图

本书用到的彩色图表和屏幕截图已经汇集成一个 PDF 文件。读者可以从这里下载：https://static.packt-cdn.com/downloads/9781838826321_ColorImages.pdf 下载。

字体约定

本书采用以下若干文本格式约定。

CodeInText：表示代码文本、数据库表名、文件夹名、文件名、文件扩展名、路径名、虚拟 URL、用户输入以及推特用户名（Twitter handle）。例如，“他们也已经使用 –gitlab 标记作为 pyscaffold 命令以便他们需要的时候就有可用的 GitLab CI/CD 模板”。

代码块设置如下：

```
├── AUTHORS.rst <- List of developers and maintainers.
├── CHANGELOG.rst <- Changelog to keep track of new features and fixes.
├── LICENSE.txt <- License as chosen on the command-line.
├── README.md <- The top-level README for developers.
├── configs <- Directory for configurations of model & application.
├── data
```

命令行的输入输出标记为粗体格式：

```
pip install -e .
```

Bold（粗体）：表示新概念、关键词或者出现在屏幕上的词。菜单/对话框里的词在文本中就如此表示。例如，“Docker 镜像的运行实例被称作 **Docker 容器**（**Container**）”。

表示警告或重要说明。

表示提示或技巧。

联系方式

欢迎读者给出反馈。

一般反馈：如果对本书的任何方面有疑问，请在邮件主题中注明书名，发邮件至 customercare@packtpub.com。

勘误：虽然我们已尽力确保书中内容的准确性，但错误仍难以避免。如果你发现书中有错误，烦请告知。请访问 www.packtpub.com/support/errata，选定本书，点击“勘误提交表格”链接，填入具体信息。

盗版：如果你在互联网上发现我们的图书任何形式的非法拷贝，烦请告知网址或网站名。请通过 copyright@packt.com 联系我们，并提供指向盗版材料的链接。

如果你也想成为作者：如果你有精通的主题而且愿意写书或参与出书，请访问 authors.packtpub.com。

撰写书评

请给本书留下评价。阅读或使用过本书后，何不在您购书的网站上写下评论呢？潜在的读者将会看到并根据您公正客观的评论意见，决定是否购书。Packt 出版社可以由此了解您对我们产品的想法，我们的作者也能够获悉您对他们的著作的反馈。不胜感激！

更多有关 Packt 出版社的信息，请访问 packt.com。

目　　录

第一部分　什么是数据科学?

第二部分　项目团队的组建与维持

第三部分 数据科学项目的管理

第四部分 开发基础环境的构建

第一部分　什么是数据科学?

在深入讨论围绕机器学习算法构建系统的管理问题之前，需要探究数据科学本身的内容。数据科学和机器学习背后的主要思想是什么？如何构建和测试模型？建模与测试过程的常见陷阱是什么？有哪些类型的模型？哪些任务可以用机器学习来解决?

第一部分包括以下 3 章：

- 第 1 章　数据科学概论。
- 第 2 章　机器学习模型测试。
- 第 3 章　人工智能基础。

第1章 数据科学概论

本书作者曾经跟一位从事软件开发工作的朋友提及一个欧洲规模最大的数据科学会议。他对此表现出浓厚的兴趣，问能否一起参会。作者说，当然可以。让我们一起去增长见识吧，很高兴跟你聊机器学习。几天后，我们就坐在了会议大厅里。第一位发言者上台分享了他赢得几次数据科学竞赛的技术心得。当第二位发言者谈论张量代数（tensor algebra）时，作者注意到他的朋友已是两眼茫然。

——*怎么了？*作者问道。

——*我在纳闷他们什么时候会给我们看机器人*。

为了避免错误的期待，需要提醒自己：建造房子之前，最好知道锤子能干什么。拥有所管理领域的基本知识，对任何管理者而言都是极其重要的。软件开发经理需要懂计算机编程，工厂管理者应该了解制造工艺，数据科学经理也不例外。本书的第一部分将简单介绍数据科学背后的主要思想和概念。下面将一点一点地剖析和探索它。

数据科学日益普及，很多商业人士和技术人员对于了解数据科学、利用数据科学解决他们的问题越来越感兴趣。人们往往根据他们从新闻网站、社交网络等渠道获取的信息，形成关于数据科学的最初认识。遗憾的是，这些信息源大多数会产生误导，而不是真实地刻画数据科学和机器学习的本来面貌。

自不待言，各种宣传媒体极力吹捧这种可以轻松解决所有问题的终极神奇工具。技术妖怪来了！普遍的收入提高就在眼前！当然，如果机器真能像人一样学习和思考，也许是这样。但事实上，距离创造出通用的、自学习的以及可自我完善的算法还很遥远。

本章探究数据科学主要工具的当前可能和现代应用：**机器学习**和**深度学习**。

本章包括以下主题：

- 人工智能定义。
- 机器学习导论。
- 深度学习导论。
- 深度学习用例。
- 因果推理导论。

1.1　人工智能定义

媒体和新闻将人工智能当作所有与数据分析相关技术的时髦代名词。其实，人工智能是计算机科学和数学的一个分支领域。人工智能最早起源于 20 世纪 50 年代，当时一些研究人员开始关心计算机是否能够学习、思考和推理。70 年过去了，人们仍然不知道答案。但是，某一特定类的人工智能——**弱人工智能**（weak AI）已经取得了重大进展。这类人工智能完全能够解决特定的窄任务。

科幻小说创造了能像人一样推理和思考的机器。用科学语言来描述，这种人工智能称作**强人工智能**（strong AI）。强人工智能能够像人一样思考，其智力也许高级得多。创造强人工智能仍然是科学界主要的长期梦想。但是，实际应用全都是关于弱人工智能的。强人工智能试图解决通用智能的问题，而弱人工智能则聚焦于解决一个偏窄的认知任务，如视觉、语音或听觉。弱人工智能任务多种多样，包括语音识别、图像分类以及客户流失预测。弱人工智能在人们的生活里发挥着重要的作用，改变了人们工作、思考和生活的方式。在人们生活的方方面面都能找到弱人工智能的成功应用。医学、机器人、销售、物流、艺术以及音乐都受益于弱人工智能的最新发展。

1.1.1　数据科学的定义

人工智能与机器学习是什么关系？什么是深度学习？如何定义数据科学？这些很普遍的问题都可以借助图 1.1 获得更好的回答。

图 1.1 中包含了所有将在本书中讨论的技术主题。

- 人工智能是涵盖与弱人工智能和强人工智能相关的所有内容的一般科学领域。人们不会太关注人工智能，因为很多实际应用来自它的子领域，这也是“第一部分　什么是数据科学？”余下部分要定义和讨论的领域。
- 机器学习是人工智能的一个子领域，其研究能够根据获得的数据调整行为的算法，而这些调整并不由程序员通过明确的指令控制。
- 深度学习是机器学习的一个子领域，其研究一种称作深度神经网络的机器学习模型。

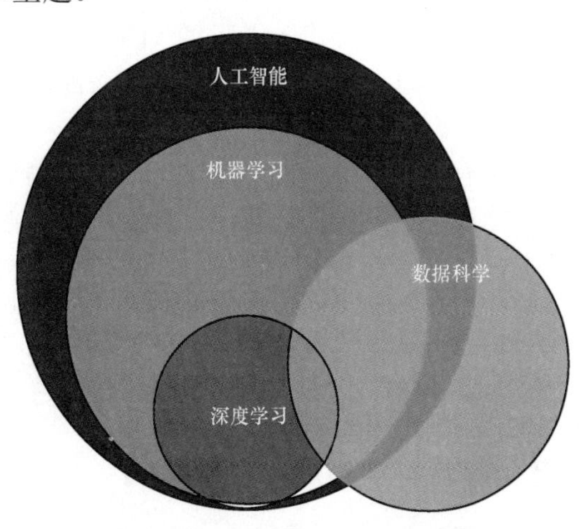

图 1.1　数据科学相关概念关系图

- 数据科学是一个多学科领域，其运用一套工具从数据中提取知识，支持决策。机器学习和深度学习都是数据科学的主要工具。

数据科学的终极目标是通过从数据中抽取知识和支持复杂决策以解决问题。解决问题的第一步是准确认识问题域。例如，应用数据科学进行风险分析之前，需要了解保险业务。设计自动质量检测工艺之前，需要了解产品加工过程的细节。首先，要了解问题域。然后，要发现问题。如果忽视这第一步，就很有可能解决的是错误的问题。

得到问题明确的定义之后，就要寻找解决问题的方案。假设已经创建了解决任务的一个模型。空架子的机器学习模型不可能引起人们的兴趣。因此，这种模型是无用的。要让模型有用，必须将模型放到看得见、有效果的任务中。换言之，需要围绕模型开发相应的软件。数据科学与开发软件系统紧紧联系在一起。任何机器学习模型都需要软件。没有软件，模型只能待在计算机存储器里，一无是处。

因此，数据科学从来不仅仅是科学。业务知识和软件开发也很重要。没有知识和软件，解决方案不可能完整。

1.1.2 数据科学的影响

数据科学潜力巨大，已经影响到人们的日常生活。健康医疗企业正在学习诊断和预测重大健康问题。商家利用数据科学发现赢得新客户的新策略，实现个性化服务。基因分析、粒子物理用上了大数据分析。得益于数据科学的发展，自动驾驶汽车已经成为现实。

由于互联网和全球计算机化，人们每天都会产生海量的数据。不断增加的数据量使人们能够自动化人力劳动。

数据科学技术可以用来帮助人们。例如，可以在茫茫人海中跟踪罪犯。利用这种新技术会让世界更接近于乔治•奥威尔（George Orwell）在《1984》描述的世界，或者让世界成为一个更安全的地方。普罗大众肯定更关注这些选择，因为这些选择对人们的生活会有长远的影响。

一个有点令人不安的机器学习应用案例是，企业使用基于机器学习的人员招聘算法。一段时间之后，人们发现该算法对妇女产生了偏见。显然，人们没有对数据科学的伦理给予足够的关注。尽管像谷歌（Google）那样的公司成立了内部的伦理委员会，但对于现代技术的无伦理应用仍然缺乏政府层面的监管。在这些法律法规出台之前，作者强烈建议读者们认真考虑利用数据科学时的伦理意义。人们都希望生活的世界更加美好。而人们每天做出的每一个小小的决定都关系着自己的未来，以及孩子的未来。

1.1.3 数据科学的局限

与其他任何工具一样，数据科学也有其局限性。在投入一个有雄心壮志的项目之前，应该认真考虑数据科学当前可能的局限性。貌似容易解决的任务实际上可能是无法解决的。

不充分了解数据科学的技术会导致项目出现严重的问题。有可能启动一个项目，却发现根本解决不了问题。更有甚者，部署完成之后，才发现与期望大相径庭。实际应用会影响到所有人。理解数据科学背后的主要原理，可以在项目启动之初便规避掉很多决定项目命运的技术风险。

1.2　机器学习导论

机器学习是迄今为止数据科学家们最重要的工具，利用其可以创建从有数以千计变量的数据中发现模式的算法。现在讨论不同类型的机器学习算法及其能力。

机器学习是研究算法的科学领域，这些算法不需要特定的指令，只借助从数据中发现的模式，学习完成任务。例如，可以利用算法预测患病的可能性（似然）或评估复杂制造设备失效的风险。每个机器学习算法遵从简单的公式。图 1.2 展示了一个基于机器学习算法的高级决策过程。每个机器学习模型都通过处理数据产生能够支持人们决策或完全自动决策的信息。

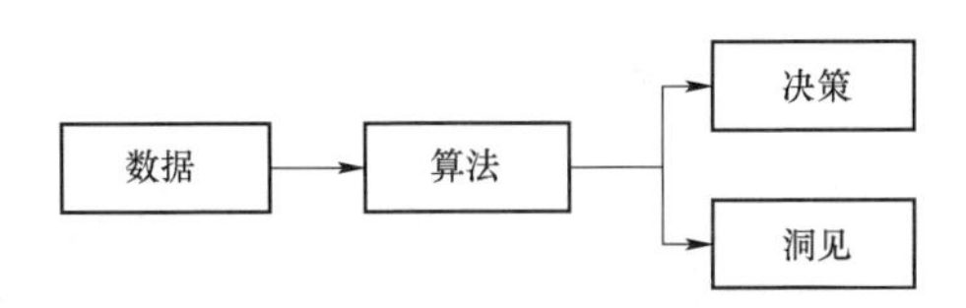

图 1.2　基于机器学习算法的高级决策过程

下面各节将详细介绍图 1.2 展示的各部分内容。

1.2.1　机器学习模型提供的决策和洞见

利用机器学习解决任务时，往往希望决策过程自动化或者获得支持决策的洞见。例如，根据患者病史和当前状况，希望有个算法能够输出可能疾病的列表。如果机器学习能够完全或者端到端地解决问题，那么就意味着算法的输出可以直接用于做出最终决策而无须更多考虑。例如，直接确定患者的疾病，并自动开具用药处方。该决策的执行可以是人工的，也可以是自动的。这样的机器学习应用就是端到端的，其为任务提供了完整的解决方案。再以数字广告为例，算法能够预测客户是否会点击广告。如果目标是最大化点击率，那么就可以做出自动的个性化的决策，决定向每个用户推送哪个特定广告，从而端到端地解决点击–通过率最大化的问题。

另一种选择是开发一个算法，提供一些洞见。可以将这种洞见当作决策过程的一部分。这样，很多机器学习算法的输出就可以参与复杂的决策过程。为说明这一点，下面来看一个仓储安防监控系统。这个系统监控所有安防摄像头并从视频中识别员工。如果系统没有识别出某个人是员工，就会发出警报。这种情况利用了两个机器学习模型：人脸检测和人脸识别。首先，人脸检测模型搜索视频每帧里的人脸。然后，人脸识别模型通过搜索人脸数据库识别一个人是不是员工。每个模型都无法单独完成员工识别的任务。但每个模型提供的洞见则是决策过程的有机组成部分。

1.2.2 机器学习模型需要的数据

读者可能已经注意到，上述例子的算法处理的是不同类型的数据。在数字广告例子中，利用的是结构化的客户数据。在监控例子中，利用的是摄像头回传的视频数据。事实上，机器学习算法确实可以处理不同的数据类型。

所有的数据可分为两大类：结构化数据和非结构化数据。大部分数据是非结构化数据。图像、音频、文档、书籍以及文章记录的都是非结构化数据。非结构化数据是人们日常生活很自然的副产品。智能手机和社交网络很容易产生无穷多的数据流。如今，拍照、录视频，易如反掌。非结构化数据分析起来很难，直到 2010 年才有了实际可用的解决方案。

结构化数据很难收集和管理，但是最容易进行分析。原因在于，人们经常有明确目的地收集这些结构化数据。结构化数据一般存储在计算机数据库和文件里。数字广告的广告网络花费大量精力来尽可能多地收集数据。数据是广告公司的黄金资源。它们收集用户的浏览记录、链接点击、网页逗留时长以及很多其他特征。基于海量数据可以创建精确的点击概率模型，用以提供个性化的广告浏览体验。个性化体验可以提高点击概率，增加广告商的收益。

为了增加数据供应，现代企业建立了业务流程，以产生尽可能多的结构化数据。例如，银行记录用户的每笔交易流水。这些信息对于账户管理是必要的，但是银行也将这些信息当作信用评价模型的主要数据源。这些信用评价模型根据顾客的财务状况评估他们的信用风险概率。

分析非结构化数据的难点在于数据的高维数。对此，可以利用一张数据表来解释。该数据表有两列数字：$\boldsymbol{x}$ 和 $\boldsymbol{y}$。可以说，这个数据有两个维度。

数据集的每个值如图 1.3 所示。

由图 1.3 可知，给定 $\boldsymbol{x}$ 的一个值，就可以准确地猜到 $\boldsymbol{y}$ 的值将是多少。为了做到这一点，可以留意图中直线上的对应点。例如，如果 $\boldsymbol{x}=\mathbf{10}$，那么 $\boldsymbol{y}$ 就等于 **8**。这与图上标记为黑点的实际数据点相匹配。

现在转向考虑 iPhone 手机拍摄的照片。图像的分辨率为 4032×3024 像素。每个像素有三个色彩：红、绿、蓝。如果将图像的像素表示为数字，那么每张照片就有超过一千二百万个数字。换句话说，该数据具有 1200 万个维度。

图 1.4 是用数字表示的图像。

用机器学习算法处理高维数据容易出问题。很多机器学习算法会遇到所谓的维数灾难（curse of dimensionality）。为了更好地识别照片中的物体，需要一个远比简单直线更复杂的模型。模型的复杂度加剧了模型的**数据饥渴**（data hunger），因此能够处理好非结构化数据的模型往往需要海量的训练数据样本。

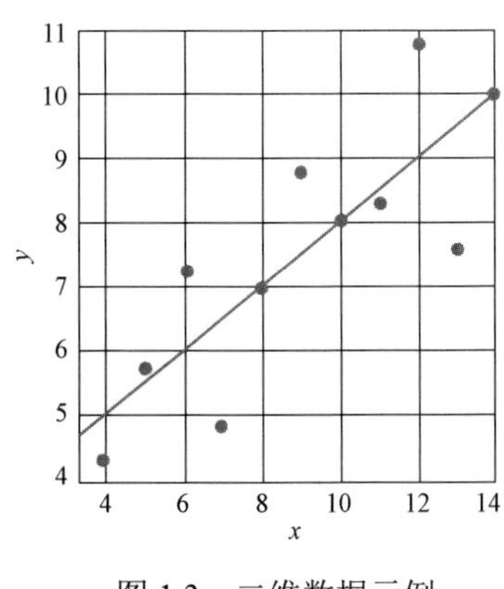

图 1.3　二维数据示例

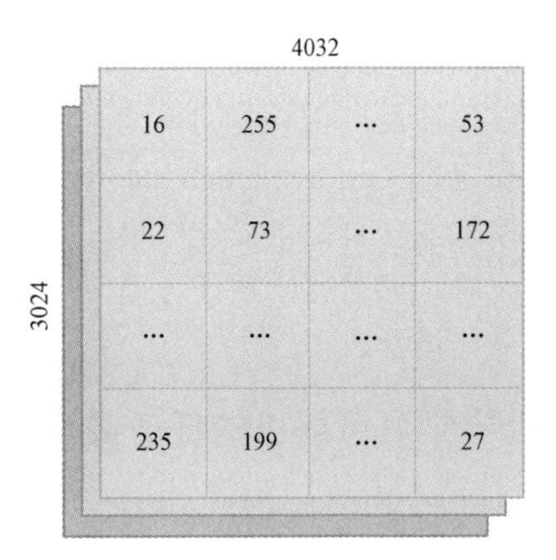

图 1.4　用数字表示的图像

1.2.3　机器学习的起源

数据科学、机器学习以及深度学习出现之前，统计学已经存在。与数据分析相关的所有领域都以统计学为核心。从一开始，统计学就是很多领域的集大成者。原因在于，统计学始终以解决实际问题为目标。在 17 世纪，统计学家将数学应用于数据分析，完成经济和人口统计相关的推理和决策。听起来是不是很像数据科学？这里有一个有趣的事实：第一个机器学习算法——线性回归，是在 200 年前由卡尔·弗里德里希·高斯（Carl Friedrich Gauss）提出的。该算法直到今日仍在应用，它的实现在所有主要的机器学习和统计软件包里都占有一席之地。

高斯发明的最小二乘法是线性回归的基本形式。线性模型的一般形式将在下文介绍。

1.2.4　机器学习剖析

下面来看机器学习的普通用例。可以说，预测是最主要的应用。预测算法告诉人们什么时候将要发生什么，但并不必告诉为什么会发生。预测任务的例子包括：*客户下个月会流失吗？这个人发展成阿尔茨海默病的风险高吗？再过一会儿会发生交通拥堵吗？*通常人们需要的是解释而不仅仅是预测。完成这样的推理任务意味着通过问为什么而去找到支持证据以回应一些对数据的质疑。*这个人为什么赢得了选举？为什么这个药有效而其他药无效？*统计推理有助于找到解释或证明行动的效果。通过推理，可以探寻关于现在或过去的回答。如果想了解未来，预测是不可或缺的。

有时，人们对预测未来或找到证据并不关心。人们希望机器能够识别数据中的复杂模式，如图像中的物体，或者分析文本短信的语义。这类任务称为识别。

机器学习涉及多种类型的模型。但是，为什么需要这些不同的算法？原因在于所谓的**没有免费午餐定理**（no free lunch theorem）。这个定理是指，对于每一个数据集的每个任务，没有最好的模型能一直提供最佳结果。每个算法都有其优点和不足。某个算法可能对某项任务而言完美无缺，但对另一项任务则一败涂地。数据科学家最重要的目标之一是，找到解决当前问题的最佳模型。

1.2.5 机器学习可解决的任务类型

没有免费午餐定理认为，没有能够解决所有任务的最佳模型。因此，有很多专门解决特定任务的算法可供选择。

以时尚服装零售仓储需求预测为例。零售商在店里售卖一批服装。在服装上架之前，必须由制造商供货并转运到仓库。假定物流周期需要花费两周。那么如何知道每种服装的订货量是多少？好在每家店铺都有商品销售数据。可以利用这些数据建立估测未来两周在库商品目录中每种商品的客户平均需求模型。也就是说，要预测未来两周提货的平均数量。最简单的模型就是将过去两周每种商品的平均需求量当作未来平均需求的预测量。这种简单的统计模型通常在实体零售商店有用，所以不可小觑。为了一般性，称要预测的事情为 target 变量。在零售仓储的例子里，target 变量就是需求。为了建立预测模型，将利用前两周的历史数据计算出每种商品的算术平均值，然后将这些均值当作未来的预估值。如此，历史数据用来教会模型如何预测 target 变量。当模型学会利用输入/输出例子完成给定任务时，称该过程为监督学习。将均值计算器称为监督学习算法可能有点言过其实，但这并不妨碍这样做（至少在技术上）。

监督学习并不仅限于简单模型。一般地，模型越复杂，训练需要的数据越多。拥有的训练数据越多，得到的模型就越好。为了说明这一点，下面考虑信息安全的问题。假想中的客户是一家大型电信公司。过去几年，它的网络遭遇了多次电信安全问题。幸运的是，专家们记录并调查了网络上的所有电信诈骗行为。安全专家在网络日志中标记了每一次诈骗行为。拥有大量的带有标记样本的数据就可以训练监督学习模型用以区分正常行为和诈骗行为。这个模型可以从海量的输入数据识别出可疑行为。但是，能否正确识别完全取决于专家们是否正确地标记了数据。如果专家们不修正数据，模型也不会修正它们。这就是**“垃圾进，垃圾出”**（“garbage in，garbage out”或“无用数据入、无用数据出”）原则。数据好，模型才会好。

在服装零售店和电信安全的示例中用的都是监督学习，但再仔细看看 target 变量。预测算法以需求作为 target 变量。一方面，需求是一个 0 到∞的连续数。另一方面，电信安全模型则有若干输出结果。

网络活动或者是正常行为或者是诈骗行为。通常称第一种 target 变量为连续变量，第二种则为分类变量。target 变量的类别明确指出能够解决什么样的任务。target 变量为连续变量的预测任务被称为回归问题。而当输出结果的总数有限时，则称解决的是分类问题。分类模型将数据点分派到类别，而回归模型则估测量值。

相关示例还有：

- 房价估测是回归任务。
- 预测用户广告点击次数是分类任务。
- 预测云存储服务的 HDD 利用是回归任务。
- 识别信贷违约风险是分类任务。

能找到一个标记好的数据集，是件幸事。如果这个数据集足够大、标签一个不漏，而且给问题提供了好的端到端的解决方案的话，更是求之不得。用于监督学习的标签是稀有资源。标签一无所有的数据集比全标记的数据集更为常见。这意味着，通常是无法利用监督学习的。但是，没有标签并不意味注定无所作为。一种解决方法是手工对数据进行标记。如果不能在企业外部共享数据的话，可以将这个任务分派给自己的员工。否则，更简单快捷的方法是，利用像亚马逊土耳其机器人网站（Amazon Mechanical Turk）那样的众筹服务。可以将数据标记外包给很多人，每个数据点只需要支付少许费用。

虽然标记数据很方便，但是数据标记并不总是那么容易的，甚至是不可能的。target 变量缺失或者可以由数据本身派生的学习过程称作无监督学习。监督学习要求数据已被标记，而无监督学习则没有这个限制，允许算法无指导地学习数据。

例如，营销部门希望发现具有相似购买习惯的新的客户细分。对他们的洞见可用于组织有针对性的营销活动，提升来自每个客户细分的收益。一种从数据中发现隐藏结构的方法是利用聚类算法。很多聚类算法都可以处理无标记数据，这一特点使得聚类算法特别引人关注。

有时，标签就隐藏在原始数据中。看看音乐创作任务。假设想开发一个算法来创作新音乐，对此可以用没有明确标记过程的监督学习。音序里的下一音符就是这项任务的重要标签。模型从一个单音符开始预测下一音符。取前两个音符，模型就输出第三个音符。这样就能按需添加很多新的音符。

再看看是否可以利用机器学习玩游戏。如果玩一种游戏，就可以标记一些数据并利用监督学习。但实际上，将这种方法扩展到所有游戏则是不可能的。在一款典型的游戏机上，可以用相同的控制器去玩不同的游戏。回忆一下平生第一次玩游戏的情景。假定玩的是马里奥（Mario）游戏。一开始很可能不知道怎么玩。可能尝试着按下几个按钮，看着一个活蹦乱跳的人物角色。一点一点地，就会悟出游戏规则，然后就开玩。鼓捣了几小时之后，就会觉得会玩了，而且闯过了第一关。

利用目前已掌握的知识，能否设计一个机器学习算法学习如何玩游戏呢？看上去似乎应该采用监督学习，但，且慢。生平第一次操纵控制器时，玩家并没有训练数据。那么，能开发出自己能够归纳出游戏规则的算法吗？

如果事先知道游戏规则，那么为一款专门的计算机游戏写一份计划书[1]并非难事。几乎所有的计算机游戏都有基于规则的人工智能工具或者可以与玩家交互的人物角色。有些游戏甚至具有高级智能，所有游戏设计都是围绕这一特点展开的。感兴趣的读者，可以看看 2014 年发行的“异形：隔离（Alien：Isolation）”。那些算法最大的局限是，它们都是游戏专用的算法，不会学习，也不会根据体验做出应对。

直到 2015 年，情况发生了变化。彼时，深度学习研究人员发现了一种训练机器学习模型的方法，它能够像人类一样玩雅达利（Atari）游戏：看着屏幕，操纵游戏控制器完成任务。唯一的差别是，该算法不是用物理的眼和手玩游戏。该算法通过 RAM 接收游戏的每一帧，然后通过虚拟控制器进行操作。最重要的是，该模型在每个输入帧接收当前的游戏得分。起初，模型执行随机行为。有些行为可以加分，从而被当作正反馈。过了一段时间，该模型学习到了与更高分对应的输入 – 输出或帧 – 行为对。结果令人印象深刻。训练 75 个小时后，该模型玩打砖块（Breakout）游戏就玩到了业余级。问题是，并没有给模型提供任何关于游戏的先验知识。模型所看到的全是原始的像素。又过了一段时间，该算法玩打砖块游戏又超过了一般人。同一个模型经过训练也能玩其他游戏。用于训练这些模型的学习框架称为强化学习（reinforcement learning）。在强化学习中，智能体（玩家）学习在未知环境（计算机游戏）下获得最大回报（游戏得分）的策略（基于输入执行行为的一种特定方法）。

当然，这也有局限。谨记，机器学习的餐厅里没有免费午餐。虽然强化学习算法在很多游戏里很好用，但却在其他游戏里一败涂地。特别是，一个叫蒙特祖玛复仇（Montezuma's Revenge）的游戏直到 2018 年还让所有的机器学习模型束手无策。这个游戏的问题是，要花费很长时间完成一系列活动，才能得到微薄的回报。

为了解决复杂环境下的任务，强化学习算法需要海量数据。读者可能听过这样的新闻，即人工智能 OpenAI Five 模型在复杂的多人网络竞技游戏 Dota 2 中击败了专业玩家。具体细节是，OpenAI 团队动用了 256 个 GPU 和 128 000 个 CPU 内核的集群来训练他们的智能体。每一天，该模型都要跟自己玩相当于 180 年才能玩完的游戏。这个过程在大型计算集群上并行执行，所以实际上所花费的时间要少得多。

强化学习的另一个重大胜利毫无疑问是围棋游戏 Go。Go 的走步总数比宇宙的原子总数还大，计算机很难胜任这个游戏。计算机科学家于 1997 年击败了国际象棋顶级高手。而 Go 的取胜，则又多等了 18 年。如果读者有兴趣，可以看看谷歌提供的关于阿尔法狗（Alpha Go）的纪录片。阿尔法狗就是一个在围棋游戏 Go 中战胜围棋世界冠军的算法。

强化学习在能够完整地仿真环境，也就是事先知道游戏规则的时候，表现良好。这个鸡

[1] bot，build-operate-transfer，通常直译为“建设-经营-转让”。

和蛋的问题使得强化学习用起来非常困难。尽管如此，强化学习还是可以用于解决实际问题。一个科学家团队曾用强化学习来寻找火箭发动机的最佳参数。这可能得益于发动机内部运作的完整物理模型。科学家们利用这些模型创建了一个利用强化学习算法改变发动机参数和设计以确定最优配置的仿真。

1.3　深度学习导论

在写这一节之前，作者曾千方百计地想在机器学习和深度学习之间画一条界线。但想来想去，都有自相矛盾之处。其实，将深度学习从机器学习中分离开来是行不通的，因为深度学习就是机器学习的一个子领域。深度学习研究的是一类称为神经网络的模型。最早关于神经网络数学基础的论述要回溯到 20 世纪 80 年代，而现代神经网络的理论则起源于 1958 年。同样，神经网络直到 2010 年代才取得了好的应用结果。这是为何呢？

答案很简单：硬件。训练大规模的神经网络需要巨大的算力。但以前没有足够的算力。事实证明，神经网络在后台要做大量的矩阵运算。不可思议地，计算机图形渲染也需要大量的矩阵运算，事实上，多到每台计算机都有专门的内置电路：GPU。英伟达（Nvidia）了解快速矩阵运算的科学需求，所以他们开发了一个专门的编程框架 **CUDA**。CUDA 允许人们利用 GPU 强大的功能，其不仅可以用于计算机图形学，而且可以用于一般的计算任务。GPU 可以完成大量的并行矩阵运算。现在的图形卡拥有上千个内核，所以能够完成上千个并行的操作。所有单个的操作也能快速完成。最新的 GPU 可以进行上千个并行的浮点数计算。GPU 专门用于解决特定任务，其比通用 CPU 快得多。

所有这一切意味着科学家们可以训练更大的神经网络。训练大型神经网络的理论与技术统称深度学习（deep learning）。其中“深度（deep）”一词源于神经网络完成有效和准确预测的特定结构形态。“第 2 章　机器学习模型测试”将深入介绍神经网络的内部结构和性质。

深度学习在解决非结构化数据集任务时表现极其出色。为了说明这一点，可以了解一下机器学习竞赛 **ImageNet**。它的数据集包括 1400 万张图像，分为 22 000 个不同的类别。为了解决 ImageNet 问题，算法需要学会从照片中识别出对象。要完成这项任务，人类的识别准确率大约为 95%，而最好的神经网络在 2015 年便超过了这一水平。

传统的机器学习算法并不擅长处理非结构化数据。但是，这些算法仍然重要，因为对于结构化数据集领域，传统机器学习模型与深度学习模型的性能差距并不大。基于结构化数据的数据科学竞赛的很多优胜者并不采用深度神经网络。他们利用更简单的模型，因为这些模型在结构化数据集上取得的结果更好。这些简单模型训练更快、不需要专用硬件，并且所需算力更少。

简单模型应用起来并非更容易。深度学习对于结构化数据也能取得好结果。当然，实际应用时需要花费更多时间、财力和算力。简单性是指模型内部结构和模型中变化参数的数量。

为了将其他机器学习算法与深度学习区分开来，专业人员往往将深度学习当作研究神经网络的领域，而机器学习用于其他所有模型。在机器学习和深度学习之间画上一条界线是不对的，但是因为缺少更合适的描述，业内采取模糊定义的态度。

1.3.1 自然语言理解应用

人们每天都要写点东西，无论是文档、推特、短信、书籍还是电子邮件，以及更多。用算法理解自然语言是很难的，因为人类的语言充满模糊性、复杂性，并且包含很多例外和细微末节。**自然语言处理**（natural language processing，NLP）最早的尝试是开发基于规则的系统。语言学家精心总结出成百上千条规则，处理看上去比较简单的任务，如词性标注（part of speech tagging，POST）。

从本节的题目也许读者就会猜到，有了深度学习，一切将为之改变。深度学习模型可以完成很多文本处理任务，而不需要明确的复杂语法规则和语法解析器。深度学习模型以雷霆万钧之势席卷自然语言处理领域。深度学习模型用于广义的自然语言处理任务，结果比上一代 NLP 模型的处理结果要好得多。深度神经网络以近乎人类的准确率将文本翻译为另一种语言的文本，词性标注也相当准确。

神经网络也很好地解决了理解问题：问题回答和文本摘要。问题回答时，模型得到一个文本块以及关于该文本块的问题。例如，关于本节引言部分“深度学习导论”，问题回答模型可以正确地回答以下问题：

- 现在台式机的 CPU 有多少个内核（不超过 10 个）？
- 神经网络始于何时（80 年代）？

文本摘要是从源文本提取的主要内容点。如果提供本节的前面几段文本给文本摘要模型，将得到以下结果：

现在应该在机器学习和深度学习之间画上一条界线。其实不能这么做，因为深度学习是机器学习的一个子领域。正式地讲，深度学习研究的是一类特定的被称为神经网络的模型。神经网络背后的理论始于八十年代。读者可以在线获得一个作为示例的文本摘要模型，http://textsummarization.net/。

另一个相关的自然语言处理问题是文本分类。通过将很多文本标记为情绪正面或负面，可以创建语义分析模型。众所周知，可以利用监督学习训练这类模型。语义分析模型用于测度对新闻或推特标签总体情绪的反应时，可提供有用的洞见。

文本分类也用于邮件和文档的自动标记。可以利用神经网络处理大量的电子邮件，将合适的标签赋予它们。

自然语言处理实用的顶峰是对话系统或聊天机器人的开发实现。聊天机器人可用于 IT 支持部门和呼叫中心的业务自动化。但是，开发出能可靠、稳定地胜任任务的聊天机器人并非易事。客户有可能不按套路地跟聊天机器人交流，所以需要考虑很多细节边缘情况。自然语言处理研究距离提供能够完成任务的端到端完整对话模型还有差距。

一般聊天机器人利用多个模型理解用户请求和给予回应：

- 意图分类模型确定用户请求。
- 实体识别模型从用户消息中抽取所有命名实体。
- 应答模型从意图分类模型和实体识别模型中获取输入，产生应答。应答生成器也可以利用知识库搜寻其他信息，丰富应答内容。
- 有时应答生成器会产生多个应答。那么，应答评级模型可选择最合适的应答。

自然语言处理模型基于初始输入也可以产生任意长度的文本。最先进的模型输出的结果与人类创作的文本几乎没有差别。

读者可以查阅 OpenAI 博客中关于 GPT－2 模型的输出样例：https://openai.com/blog/better-language-models/#sample1。

虽然结果令人振奋，但人们还未寻到文本生成模型的有用的实际应用。虽然作者和文创人员可以通过使用这些模型将关键点列表扩展组织成完整的文本，进而从中获益，但遗憾的是，这些模型缺乏控制其输出的方法，使得这些模型难以实用化。

1.3.2　探究计算机视觉

前面已经探讨了深度学习是如何理解文本的。现在，再了解深度学习模型如何看。2010 年，举行了第一届 ImageNet 大规模视觉识别挑战赛。其任务是创建分类模型，完成从图像中识别对象这一挑战性任务。总共有大约 22 000 类可选对象。数据集包含超过 1400 万张标记过的图像。如果有人坐下来为每张图像挑选前 5 个对象，他们可能的误差率在 5%左右。

2015 年，深度学习网络处理 ImageNet 的效果超过了人类。自此之后，很多计算机视觉算法纷纷被淘汰。深度学习不仅能够分类图像，而且能够完成目标检测（object detection）和实例分割（instance segmentation）。

图 1.5 和图 1.6 展示了目标检测和实例分割的区别。图 1.5 展示，目标检测模型识别目标物体并在其周围设置边界框。

图 1.5　目标检测

图 1.6　实例分割

从图 1.6（摘自 https://github.com/matterport/Mask_RCNN）可以看出，实例分割模型能找到目标对象的准确轮廓。

因此，深度学习在计算机视觉领域的主要应用其实是不同分辨率层面的相同任务。

- **图像分类**（image classification）：确定图像属于预定义类别集的哪个类别。
- **目标检测**（object detection）：为图像中的目标物体找到边界框并为每个边界框指定类的概率。

- **实例分割**（instance segmentation）：对图像进行像素级分割，确定预定义类表中每个对象物体的轮廓。

计算机视觉算法在癌症筛检、笔迹识别、人脸识别、机器人、自动驾驶汽车以及其他很多领域得到了应用。

计算机视觉另一个有意思的方向是生成式模型（generative models）。前面已经介绍过的模型能完成识别任务，而生成式模型则会改变图像，甚至创建全新的图像。风格迁移模型（style transfer model）可以改变图像的意象风格，使其看上去更像另外一张图像。这种模型可用于将写实照片转换为绘画风格图像，使其看上去感觉是艺术家的作品，如图 1.7 所示。

图 1.7　绘画风格的图像

训练生成式模型的另一个有前途的方法是**生成对抗网络**（generative Adversarial Networks，GAN）。可利用两个模型训练生成对抗网络：生成器和鉴别器。生成器产生图像，鉴别器负责区分产生的图像和数据集中的真实图像。经过一段时间后，生成器学会产生更逼真的图像，而鉴别器学会鉴别图像生成过程中更微小的错误。这种方法的结果不言而喻。最新的模型已经能够生成逼真的人脸，对此可从 Nvidia 论文（https://arxiv.org/pdf/1812.04948.pdf）第 3 页中看到。如图 1.8 所示，这些照片都不是真实照片，而是深度神经网络产生的逼真图像。

也可以利用生成对抗网络进行有条件的图像生成。“有条件”是指能够指定生成器的某些参数。特别是，可以指定将要生成的一类物体或纹理。例如，Nvidia 的风景画生成软件可以将简单的彩色图像（不同色彩表示土壤、天空、流水和其他物体）转换成写实风格的照片。

图 1.8 深度神经网络生成的逼真图像

1.4 深度学习用例

为了说明深度学习在实际场景如何发挥作用，本节讨论产品匹配（product matching）问题。

最新定价对于大型互联网零售商而言是极其重要的。如果竞争对手对畅销产品进行降价，若后知后觉必然会导致巨大的利益损失。如果知道自己产品目录中产品的准确市场行情的话，就能总是比竞争对手先行一步。为了获得某种产品的行情分布，首先需要从竞争对手网站上找到产品介绍。虽然产品介绍的自动收集很容易，产品匹配却是难啃的骨头。

一旦有了大量的非结构化文本，就需要从中抽取产品属性。为此，首先需要明确两份产品介绍是否都是关于同一产品的。假设收集到了相似产品介绍的大数据集。如果打乱数据的所有产品介绍－产品对，就可以得到非相似产品介绍的数据集。利用大量相似或非相似产品介绍的事例，可以训练一个自然语言处理模型，用以鉴别相似产品介绍。还可以考虑比较零售商网站上的照片以找到相似的产品。为此，可以应用计算机视觉模型进行匹配。即使采用了这两种模型，总匹配准确率也可能无法令人满意。提升准确率的另一种办法是，从文本介绍中抽取产品属性。可以训练单词标记模型或开发一组匹配规则，完成产品属性提取。匹配准确率也会由于所利用的数据源的多样性和描述力而提升。

1.5 因果推理导论

至此，本章已经讨论了预测模型。预测模型的主要目的是识别和预测。模型推理背后的解释并不重要。与之相反，因果推理试图解释数据中的关系而不是对未来事件做出预测。因果推理要确认某个行为的结果是否是由所谓的混淆变量（confounding variable）引起的。混淆变量会间接地通过结果影响行为。这里通过几个可以帮助回答的问题来比较因果推理和预测模型。

（1）预测模型：

- 我们的销量何时将翻倍？
- 这名顾客购买某一产品的概率是多少？

（2）因果推理模型：

- 癌症治疗是否有效？效果明显只是因为数据变量间复杂的关系吗？
- 我们新的推荐模型比其他模型更好吗？如果是，相比以前的模型，新模型在多大程度上提高了销量？
- 什么因素使某些书成为畅销书？
- 什么因素引发了阿尔茨海默病？

统计学家们信奉一条准则：关联性不代表因果性。如果一些变量一起变化或有相似的值，这并不意味着它们有逻辑的联系。现实数据有很多意外的、荒诞不经的相关关系，参见 http://www.tylervigen.com/spurious-correlations。

图 1.9 和图 1.10 给出了一些事例。有些发现既搞笑又令人困惑。

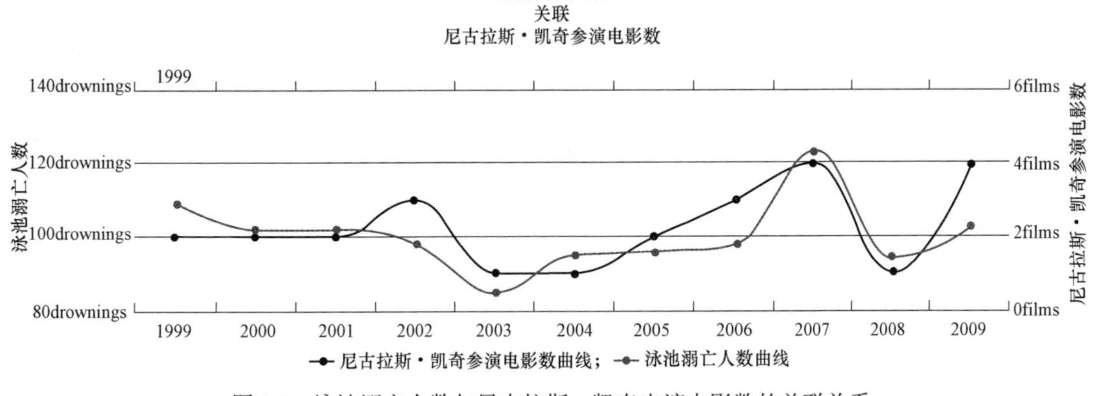

图 1.9　泳池溺亡人数与尼古拉斯·凯奇出演电影数的关联关系

当数据驱动的决策影响人们生活时，就必须寻找解释和评价效果。特别是，当发明了一种新药时，就需要确认该药确实是有效的。为此，需要收集数据，测定使用新药和不使用新药的统计效果。

因果推理提出了一个相当尖锐的问题：测定某些治疗效果最简单的方法是将世界分成两部分。第一部分不考虑任何治疗，就像没有发现任何新药似的。第二部分进行新的治疗。遗憾的是，创造新世界远非统计学家们所能及。但是，统计学家们想出一个推理框架，用于设计试验和收集数据，而这些数据来自于两个独立的世界。

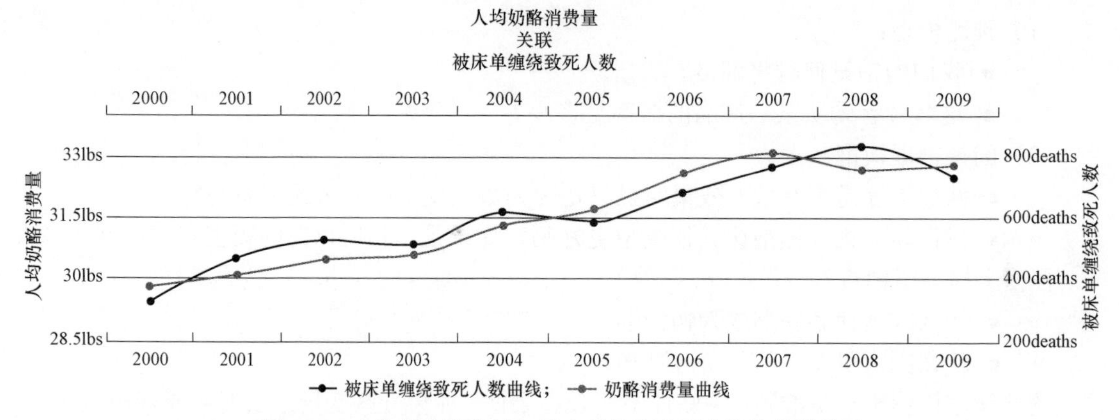

图 1.10 人均奶酪消费量与被床单缠绕致死人数的关联关系

最简单的方法是进行随机试验：

（1）首先，从全球随机抽取一个测试人群。

（2）接着，每人以 50%的概率被发给新药或糖片（安慰剂，placebo）。

（3）一段时间后，测定两组人群的治疗效果。

类似的研究做起来很复杂。设想，每次需要试验新药时，都要选取全世界人类的随机样本。而且，无法将所有个体运到一个地方，因为环境或气温的突然变化可能会影响治疗结果。这个试验可能会被认为是不合伦理的，特别是如果治疗具有死亡风险的话。因果推理允许设计更复杂、等同于某些条件下的随机试验。这样，就可以开展不违背道德伦理的、实际可行的、具有严格统计意义的研究。

因果推理的另一个重要特点是，有一套处理观察数据的方法。设计一个证实假说的试验并非总能心想事成。因果推理可用于应用预测模型，以测定并不专为某个目的而收集的观察数据的效果。例如，可以利用客户数据来测度和量化市场促销活动的成效。观察性的研究简单易行，因为它们不需要试验设置。但是，观察性的研究只能给出关于真实因果关系的有根据的猜测。在进行数据驱动的决策之前，始终建议设计并进行适当的试验。

对试验组应用治疗的框架是非常通用的。其并不限于医学研究，而是可以测度和解释所有变化的结果。*用机器学习模型比不用更好吗？如果是，到底好到什么程度？*这个问题常常令数据科学家们苦思不解。幸运的是，有了因果推理，就可以找到解决方案。在这个问题上，可以用机器学习模型替代实际治疗。

测度真实效果的唯一办法是，对实际用户同时验证两种方法。虽然在物理世界很难实现，但纯粹的随机试验在互联网上很容易实现。如果在一家拥有大量用户的互联网公司应用机器学习模型，那么设计一个随机试验看上去更容易一些。可以随机将两个版本的软件发给每位用户，直至收集了足够多的样本数据为止。

但是，应该保持警惕的是，很多因素可能会曲解结果：

（1）数据中隐藏的偏差称为混杂因素（confounder）。客户生活方式、社交因素或者环境可能会影响貌似随机的用户样本。

（2）试验组选择上的错误称为选择偏差。例如，从同一个地区随机选择试验参与者可能会影响研究。

（3）测度误差。错误数据或不符合要求数据的收集会误导结果。

1.6　本章小结

本章探讨了人工智能、数据科学、机器学习、深度学习和因果推理的实际应用。这里将机器学习定义为利用数据来支持决策并提供没有特定说明情况下的洞见的算法研究领域。有三种主要的机器学习方法论：监督学习、无监督学习和强化学习。在实际应用中，利用机器学习解决的最常见的任务类型是回归和分类。接着，本章将深度学习描述为致力于研究神经网络算法的机器学习的子集。深度学习的主要应用领域是计算机视觉和自然语言处理。本章还涉及了因果推理的重要主题：研究一套发现数据中因果关系的方法的领域。现在，读者应该了解了很多一般的数据科学知识。但是，机器学习模型能够成功地解决特定问题吗？

第 2 章将介绍如何通过模型测试来区分好与不好的解决方案。

第 2 章　机器学习模型测试

如果不采用好的测试方法的话，想得到完美的机器学习模型并非易事。貌似完美的模型在部署时就会失败。测试模型的性能虽然也不简单，却是每个数据项目的重要环节之一。不进行正确的测试，就无法确保模型是否符合预期，也无法选择解决手头任务的最佳方法。

第 2 章将探讨不同的模型测试方法，并使用评价预测质量的数学函数查看不同类型的评价指标，还将介绍一套用于测试分类模型的方法。

第 2 章包括以下主题：

- 离线模型测试。
- 在线模型测试。

2.1　离线模型测试

离线模型测试覆盖模型部署之前所完成的整个模型评价过程。在具体讨论离线模型测试之前，首先必须定义模型误差及其计算方法。

2.1.1　模型误差

每个模型都会出错，因为收集的数据以及模型本身都会影响所解决问题的性质。运转得最好的模型就在人的头脑中。人们是在完成实时建模——大脑通过解释眼睛所记录的电磁脉冲来反馈所看见的事物。虽然世界的图像并不完美，但毕竟还是有用的，因为人类通过视觉通道接收 90%的信息。其余 10%的信息来自于听觉、触觉以及其他感知通道。因此，每个模型 $\boldsymbol{M}$ 都试图通过预测值 $\hat{\boldsymbol{Y}}$ 来预测真值 $\boldsymbol{Y}$。

真值与模型预测值之间的差构成了模型误差：

$$\text{误差} = \boldsymbol{Y} - \hat{\boldsymbol{Y}}$$

对于回归问题，可以用模型预测的量值来度量误差。例如，如果利用机器学习模型预测房价，得到房子的预测价格为 30 万美元，而真实价格为 35 万美元，那么就可以说，误差为 35 万美元－30 万美元＝5 万美元。

对于最简单设置的分类问题，可以将预测的误差度量为 0，而错误答案的误差为 1。例如，对于一个猫狗识别器，如果模型预测狗的照片里有只猫，那么给出的误差为 1；而模型正确预测出狗时，误差为 0。

2.1.2 误差分解

没有一个机器学习模型能完美解决问题而不出错，哪怕是再小的错误。因为每个模型都会出错，所以必须了解错误的本质。假设一个模型做出了某个预测，而且真值是已知的。如果预测不对，那么预测值与真值之间就存在误差：

误差 = 真值 – 预测值

误差的另一部分来自数据的缺陷，还有一些来自模型的缺陷。无论模型多么复杂，也只能减小建模误差。不可约误差（irreducible error）就是已超出人们的可控范围而得名的。

可得到下式：

误差 = 可约误差（reducible error）–不可约误差（irreducible error）

并非所有的可约误差都是相同的。可以进一步分解可约误差。例如，看看图 2.1。

靶纸上深色的中心点代表目标（真值），而浅色的弹着点代表模型预测值。在靶纸上，模型的瞄准点偏离了中心，所有预测值凑在一起，但是它们都远离了目标点。这种误差称作**偏差**（bias）。模型越简单，就越可能出现偏差。简单模型普遍存在偏差，如图 2.2 所示。

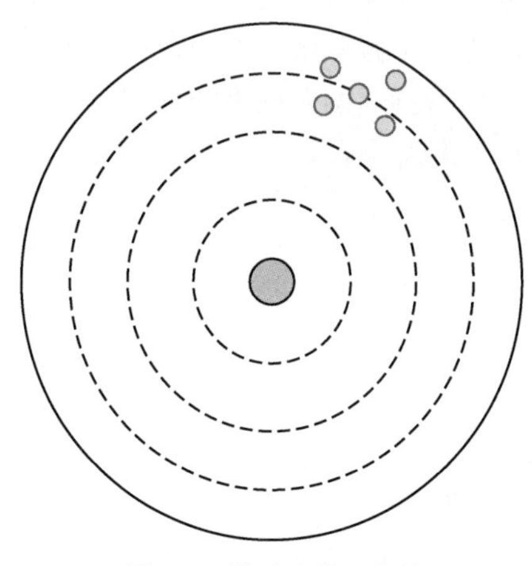

图 2.1　模型误差：偏差

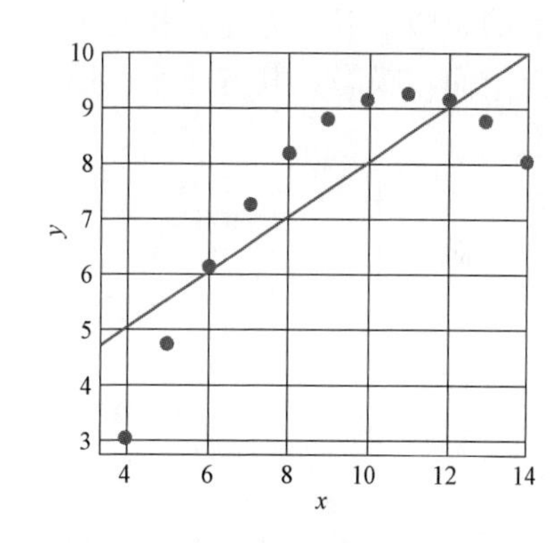

图 2.2　大偏差模型

图 2.2 试图用简单的直线描述变量之间的复杂关系。这种模型的偏差很大。

模型误差的第二个成分是**方差**（variance），如图 2.3 所示。

所有预测值看上去聚集在真值周围，但是分散度很高。这种误差源于模型对数据不一致性的敏感程度。如果模型的方差大，那么测量的随机性将导致截然不同的预测。

至此，可将模型误差分成以下三个部分：

误差 = 偏差 + 方差 + 不可约误差

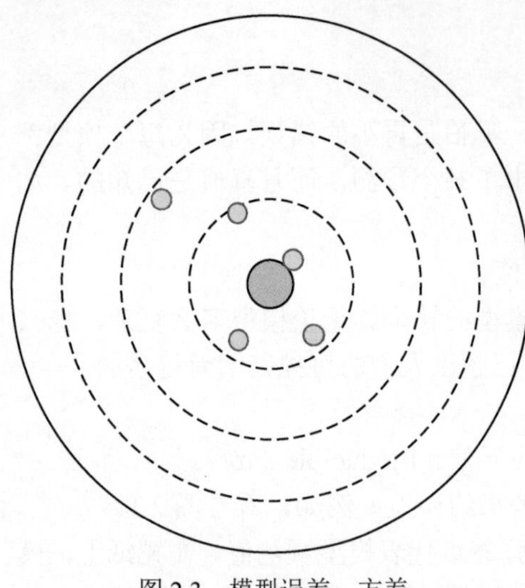
图 2.3 模型误差：方差

在同一个公式里将偏差和方差靠在一起，这并非巧合。它们之间关系密切。预测模型显示了一个称为**偏差 – 方差权衡**（bias-variance tradeoff）的特性：模型偏差越大，误差中的方差成分越小。相反，方差越大，模型的偏差成分越小。这一点将成为构建集成模型的游戏规则改变者，并将在“第 3 章 人工智能基础”中进行深入探讨。

通常，要求数据结构化的模型，其偏差大（这些模型假定数据遵从某些规则）。有偏模型可以正常发挥作用，只要数据与模型的基本逻辑不相矛盾。为了这样的一个模型例子，可以考虑一条简单的直线。例如，预测房价是房子平方英尺（面积）的线性函数：

$$房价=1\ 万美元\times 平方英尺数$$

注意，如果稍微改变平方英尺数，如增加 0.1，那么预测值并不会改变太多。因此，这个模型的方差较小。当模型对模型输入的变化敏感时，方差比偏差增大得更快。模型复杂度增加，参数的总数增多，方差就相应增大。从图 2.4 可以看到，两个模型如何拟合同一个数据集。第一个简单模型，其方差小。第二个复杂模型，其方差大。

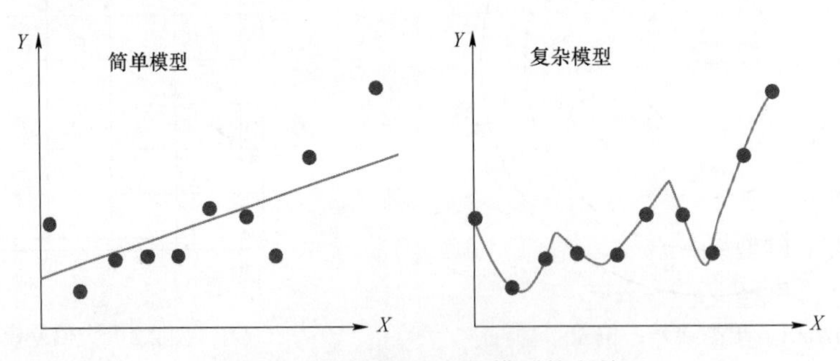

图 2.4 简单模型和复杂模型的方差

在图 2.4 中，***X*** 的微小变化会导致 ***Y*** 的大幅波动。方差大的模型更可靠，意味着数据的结构化程度要低得多。

过拟合

偏差 – 方差权衡与机器学习的一个非常重要的问题——**过拟合**（overfitting）密切相关。如果模型过于简单，就会产生大误差。如果模型过于复杂，则对数据的描述过细。过拟合模型能对数据记得很清楚，就像数据库一样。假设房源数据集包含一些带点运气的交易，这些交易的房子因为没有考虑环境，所以房价较低。过拟合模型会牢记那些案例，从而对未遇到过的数据预测出错误的房价。

理解了误差分解之后，可以利用它作为设计模型测试流程的垫脚石吗？

这就需要确定如何测度模型误差，使之对应模型处理前所未见的数据的真实性能。答案就在于问题本身。将所有获得的数据分成两个集合：训练集和测试集，如图 2.5 所示。

图 2.5　两个数据子集

利用训练集中的数据训练模型。测试集被当作未曾遇到过的数据，在训练过程中不会用到测试集。模型训练完成之后，可以将测试集输入给模型。这时就可以计算所有预测的误差。训练时，模型没有利用测试集，所以测试集的误差代表模型关于未遇到过的数据的误差。这种方法的缺点是，需要动用大量的数据（通常高达 30%）用于测试。这意味着，训练数据减少，模型质量将降低。谨记，如果过多地利用测试集，误差指标就会出错。例如，假设完成了下列事项：

（1）训练了一个模型。

（2）测度了测试数据的误差。

（3）更改模型以便改善性能指标。

（4）重复步骤（1）～步骤（3）10 次。

（5）正式部署了模型。

很可能模型的质量远低于预期。为什么会这样？再看一看步骤 3。了解了模型误差，并且连续多次更改了模型或数据处理代码。其实，这就是亲手完成了几次学习迭代。通过反复地提高测试得分，已经间接地将有关测试数据的信息泄露给了模型。当从测试集测得的指标值偏离从真实数据测得的指标值时，可以说测试数据已经渗入模型中了。众所周知，数据泄露在造成损失之前很难发现。为了避免数据泄露，应该时刻注意泄露的苗头，认真思考应对措施，并借鉴最佳实践。

可以使用一部分独立的数据来应对测试集的泄露。数据科学家们使用验证集来调整模型参数，比较不同的模型，然后选择最佳模型。而测试数据仅仅用于最后的检查，以确定对于未曾见过的数据的模型质量。在测度了测试指标值之后，唯一剩下的决策就是，模型是否继续用于实际场景的测试。

图 2.6 展示的是数据集被分成训练集、验证集和测试集的例子。

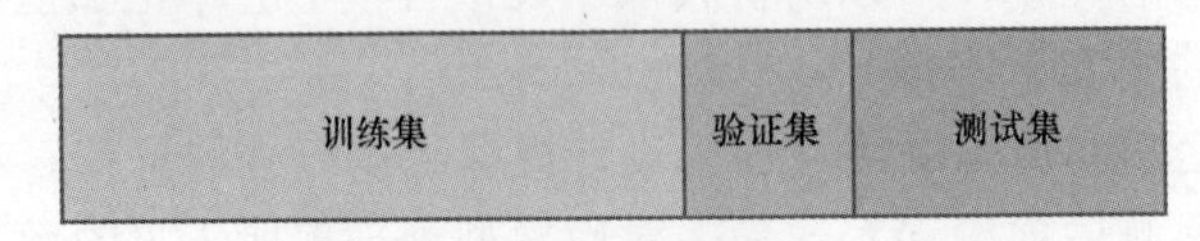

图 2.6 三个数据子集

但是，即使增加验证集，仍然存在以下两个问题：

（1）多次迭代后，测试集的信息仍然会泄露给模型。即使利用验证集，测试集泄露也不会彻底消失，只不过会减缓泄露的速度。为了克服这个问题，需要不时地改变测试数据。最好为每个模型部署周期都重新构建测试集。

（2）可能很快就会过拟合验证数据，因为训练 – 测度 – 更改这一反馈循环在不断调整模型。

为了防止过拟合，可以从每次实验用到的数据集中随机选取训练集和验证集。首先将所有数据随机打乱，然后将数据按照一定的比例分成三部分，再选取随机的训练集和验证集。

对于训练数据、验证数据以及测试数据，各自选取多少为好并无通用标准。通常，训练数据多意味着模型会更准确，但同时也意味着可用于评估模型性能的数据就少。中等规模的数据集（达 10 万个数据点）的一般分配比例是，60%～80%的数据用于训练模型，而其余的数据用于验证。

如果是大规模数据集，情况则有所不同。如果数据集有 1000 万行，那么 30%的数据用于测试，也就是测试数据将占到 300 万行。这个量级恐怕已经过犹不及。增大测试集和验证集，产生的回报将会减少。对于有些问题，用 10 万行进行测试，也可以得到好的结果，尽管此时测试集只占数据总量的 1%。数据越多，用于测试的数据量比例就应该越小。

更常见的情况是数据太少。这时，选取 30%～40%的数据用于测试和验证，可能会大大降低模型的准确性。如果数据稀缺，那么可以采用所谓交叉验证的技术。交叉验证不需要单独的验证集或测试集，其验证流程如下：

（1）确定迭代次数，如 3 次。

（2）将数据集一分为三。

（3）每次迭代，交叉验证利用数据集的三分之二作为训练数据，三分之一作为验证数据。

（4）针对三对训练集 – 验证集中的每一对，训练模型。

（5）利用每个验证集计算指标值。

（6）通过求所有指标值的平均值，将指标整合为一个数值。

图 2.7 是交叉验证流程示意图。

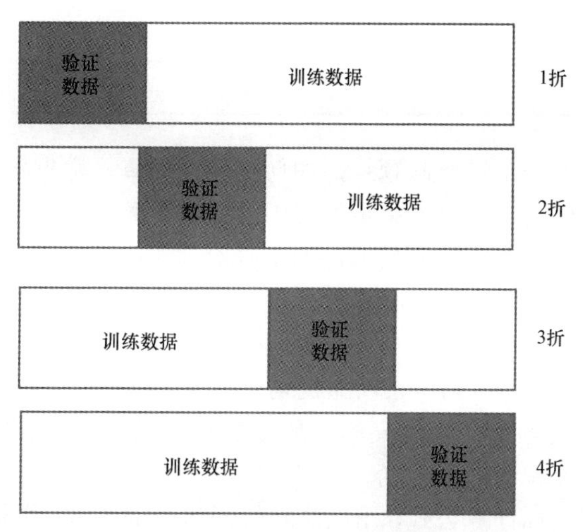

图 2.7　交叉验证流程示意图

交叉验证有一个主要缺点：它需要更多的计算资源来评估模型质量。在前面提到的例子中，为了完成一次评估，需要拟合三个模型。而一般的训练–测试，只需要训练一个模型。另外，交叉验证的准确率会随着迭代次数（也称折数，fold）的增多而增大。因此，交叉验证允许更多的数据用于训练，但需要更多的计算资源。在实际数据项目中，如何在交叉验证和训练–验证–测试之间做出选择呢？

交叉验证中的 k（折数）是一个由数据科学家设定的可变参数。其最小的可能值为 1，对应于最简单的训练–测试处理。最大极值等于数据集中的数据点数。这意味着，如果数据集有 N 个数据点，模型就被训练和测试 $N-1$ 次。这种交叉验证称为**留一交叉验证**（leave-one-out cross-validation）。理论上，折数 k 越大，意味着交叉验证返回的指标值越准确。虽然留一交叉验证是理论上最准确的模型，但实际上很少用它，因为它的计算量大。在实际应用中，k 在 3～15 内取值，具体取决于数据集的规模。可能项目需要更多，所以上述 k 的取值只是建议而非规定。

表 2.1 归纳了针对不同规模数据集的数据处理方法。

表 2.1 针对不同规模数据集的数据处理方法

	模型训练需要少量到适量的计算资源和时间	模型训练需要大量的计算资源和时间
小到中等规模数据集	交叉验证	两者均可
大规模数据集	两者均可	训练–验证–测试流程

与模型测试相关的另一个重要问题是，如何划分数据集。数据集划分中的微小错误可能意味着所有测试的努力付诸东流。如果数据集中的所有观测值都是独立的话，划分很容易。这时可以随意划分数据集。但是，如果解决的是股价预测问题的话，情况会如何呢？当数据与时间密切相关时，无法将这些数据视作独立值。今日股价依赖于过去的值。如果不是这样的话，股价就会随机地从 0 美元涨到 1000 美元。在此情况下，假设有两年（从 2017 年 1 月到 2018 年 12 月）的股市数据。如果采用随机划分，很可能模型训练是在 2018 年 9 月，而测试是在 2017 年 2 月。这是没有任何意义的。因此必须考虑观察数据之间的逻辑关系和依赖关系，并且一定要检查验证程序是否正确。

接下来将介绍模型指标计算公式，用以汇总验证和测试误差。指标用于比较不同的模型，以及选择可实用的最佳候选模型。

2.1.3 技术度量指标

2.1.3.1 不同的度量指标

任何模型都会有错误，无论其多么复杂和准确。期望一些模型在解决一个具体问题时比其他模型更好，这在情理之中。目前，可以通过将具体模型的预测值与实际值进行比较来确定误差。将这些误差总括为一个数值，以便测度模型性能，这将非常有用。可以定义一个度量指标来实现这一点。对于不同的机器学习问题，有很多种这样的度量指标。

特别是，对于回归问题，最常用的指标是**均方根误差**（root mean square error，RMSE）：

$$\text{RMSE}=\sqrt{\frac{\sum_{i=1}^{N}(\text{预测值}_i-\text{实际值}_i)^2}{N}}$$

式中：N 为数据点总数；预测值 – 实际值用来衡量真值与模型预测值之间的误差。

另一个常用的回归误差指标是**平均绝对误差**（mean absolute error，MAE）：

$$\text{MAE}=\frac{1}{N}\sum_{i=1}^{N}|\text{预测值}_i-\text{实际值}_i|$$

请注意，MAE 与 RMSE 非常相似。与 MAE 相比，RMSE 用平方根而不是绝对值及其平方误差。虽然 MAE 和 RMSE 看似相同，但两者之间还是有着一些技术上的差异。数据科学家们可以为某个具体问题选择最合适的指标，因为他们了解各项指标的优缺点。对此不需要全盘掌握，但是强调其中一点差异以便让人们对此思维过程有所领悟。RMSE 更侧重惩罚大误差。之所以有这个特性，是因为 RMSE 利用了平方误差，而 MAE 只利用绝对值。例如，4 的误差在 MAE 中是 4，而在 RMSE 中则变成了 4 的平方，即 16。

对于分类问题，指标计算过程更为复杂。设想正在开发一个二元分类器，用于估测一个人患肺炎的概率。为了计算模型的准确率，可能只需将正确预测的次数除以预测总次数：

$$\text{准确率} = \frac{n_{\text{正确数}}}{N}$$

式中：$n_{\text{正确数}}$ 为正确预测的次数；N 为预测总次数。

准确率很容易理解和计算，但它存在一个重大缺陷。假设患肺炎的平均概率为 0.001%。也就是说，每 10 万人中就有 1 人患病。如果收集了 20 万人的数据，那么很可能数据集里只包含两个阳性病例。设想一下，请一位数据科学家构建一个机器学习模型，该模型根据患者数据预测患上肺炎的概率。要求只接受不低于 99.9%的准确率。假设有人开发了一个总是输出零值的替代算法。

该模型没有真值，但其对于已有数据的准确率将会很高，因为它只可能产生两个错误：

$$\text{准确率} = \frac{199\,998}{200\,000} = 99.999\%$$

问题是，准确率只考虑答案的全局部分。如果一个类的数量超出其他类的话，上式就会输出错误值。

下面通过混淆矩阵表（见表 2.2）来详细介绍模型的预测结果。

表 2.2　　混淆矩阵表：假阴性和真阴性

	模型预测：患有肺炎	模型预测：未患肺炎
真实结果：患有肺炎	0	2
真实结果：未患肺炎	0	199 998

从表 2.2 可知，替代模型没有什么用。它无法识别出两名患者的情形为阳性。这样的错误称为**假阴性**（false negatives，FN）。该模型正确地识别出了未患肺炎的所有病患，即**真阴性**（true negatives，TN），但是没有正确地诊断出疾病患者。

现在假设有人已经建立了一个真实模型，得到了如表 2.3 所示的结果。

表 2.3 混淆矩阵表：真阳性和假阳性

	模型预测：患有肺炎	模型预测：未患肺炎
真实结果：患有肺炎	2	0
真实结果：未患肺炎	30	199 968

已建模型正确地识别出两个病例，得到两个**真阳性**（true positive，TP）预测。这是相比上一个模型的明显改进。但是，该模型还识别出另外 30 个人患有肺炎，尽管实际上这 30 人并未患上肺炎。这样的错误称为**假阳性**（false positive，FP）预测。30 个假阳性是不是重大错误呢？这取决于医生如何利用这个模型。如果所有就诊患者都被施以大剂量药物治疗而导致严重副作用的话，假阳性的问题就很严重。

如果只是将阳性模型看作患病的概率的话，问题就不会那么严重。如果一个阳性模型的结果只是表明患者必须接受一定的诊断处置，那么就能看到一个好处：为了完成同样级别的肺炎确诊，治疗专家们只需诊断 32 位患者，而以前他们必须分析 20 万个病例。如果不采用混淆矩阵表，可能会错过危险的模型行为，以致损害人们的健康。

接着，有人还完成了另一个实验，并创建了一个新的模型，见表 2.4。

表 2.4 错 误 预 测

	模型预测：患有肺炎	模型预测：未患肺炎
真实结果：患有肺炎	0	2
真实结果：未患肺炎	100 000	99 998

这个模型合适吗？它可能忽视了两位需要救治的患者，而将 10 万名健康人归入治疗组，导致医生白费功夫。事实上，只有将结果呈现给使用模型的人之后，才能做出最终决策。使用模型的人也许对于什么为最好有不同的意见。那么最好在项目启动之初，与该领域的专家们协作形成模型测试方法文档，以清楚地定义模型好与坏的标准。

人们在实际中随时会遇到上述二元分类问题，因此相关术语的理解就显得非常重要。

所有二元分类问题的相关概念见表 2.5。

表 2.5 二元分类问题的相关概念

	模型预测： 1（阳性）	模型预测： 0（阴性）
真实结果： 1（真）	TP	FN
真实结果： 0（假）	FP	TN

请务必注意，对于单个模型，可以控制其假阳性和假阴性的响应数量。分类器输出一个数据点属于一个类的概率。也就是，模型预测结果是介于 0 和 1 之间的一个数。通过将预测值和一个阈值进行比较，可以决定一个预测值是否属于阳性类或者阴性类。例如，如果阈值为 0.5，那么任何大于 0.5 的模型预测值都将归为类 1，否则归为类 0。

通过改变阈值，可以改变混淆矩阵表中各单元的比例。选择大的阈值，如 0.9，假阳性结果会减少，但假阴性结果会增多。阈值选择对二元分类问题至关重要。有些应用场景，如数字广告，对假阳性更宽容；而其他场景，如健康医疗或保险，是不能容忍假阳性的。

混淆矩阵表可为分类问题提供深刻的洞见，但这需要用心和花时间理解。当想做大量实验，并且要比较很多模型时，这种表的作用有限。为了简化过程，统计学家和数据科学家们设置了很多指标，将分类器性能综合起来，以消除准确率指标存在的问题。首先，检验几种汇总混淆矩阵表行和列的方法。然后，在此基础上探讨如何将混淆矩阵表压缩成一个单项统计量。

从表 2.6 可以看到汇总不同类型误差的两个新指标：精准率和召回率。召回率也称**真阳性率**（true positive rate，TPR）。

表 2.6 二元分类问题的相关指标

	模型预测：1（阳性）	模型预测：0（阴性）	复合指标
真实结果：1（真）	TP	FN	精准率 $=\dfrac{TP}{TP+FP}$
真实结果：0（假）	FP	TN	
复合指标	召回率 $=\dfrac{TP}{TP+FN}$		

精准率测度模型识别正（相关）例的比例。如果模型预测了 10 个阳性病例，而实际上有 2 个是反例，那么精准率为 0.8。召回率表示正确预测正例的概率。如果在 10 个正例中，模型正确预测了所有 10 例（10 个真正例），而且将 5 个反例标记为正例（5 个假正例），那么召回率为 0.67。召回率 0.67 意味着，如果模型预测一个正例，那么 100 次里面有 67 次是正确的。

对于二元分类，精准率和召回率使得必须考虑的指标数量减少到两个。这很好，但还不是最理想的。可以使用一个称为 **F1 得分**（F1－score）的指标将所有内容汇总成一个数字。可以用下式计算 F1。

$$F1 = 2\frac{精准率 \times 召回率}{精准率 + 召回率}$$

完美的分类器，其 F1 为 1；最糟糕的分类器，其 F1 为 0。因为 F1 综合考虑了精准率和召回率，所以回避了准确率存在的问题。对于分类问题而言，这是更好的默认指标。

2.1.3.2 不平衡的类

从前面的例子可以看到，很多预测问题都会遭遇这样一种情况，即某一类出现的频率比其他类要高得多。诊断癌症等疾病、估测信用卡默认值，或者检测金融交易诈骗，都是不平衡问题的例子：正例（阳性）远少于反例（阴性）。这种情况下，很难估测分类器的性能。准确率等指标开始呈现过于乐观的结果，所以需要寻找更高级的技术指标。F1 指标在这种情况下具有更现实的价值。但是，F1 指标的计算依据类的分派（在二元分类问题中是 0 或 1），而不是类的概率（在二元分类问题中是 0.2 和 0.95）。

大多数机器学习模型输出的是一个示例属于某个类的概率，而不是直接的类分派。尤其是，癌症检测模型可能根据输入数据输出 0.32（32%）的患病概率。那么，必须决定患者是否被标记为患癌还是没患癌。因此，可以设定一个阈值：所有小于或等于该阈值的数值都标为 0（没患癌），而所有大于该阈值的数值都考虑标为 1（患癌）。阈值在很大程度上影响着最终模型的质量，特别是对于不平衡的数据集。例如，低阈值会导致更多的 0 标签，但是这种关系并不是线性的。

为了更好地说明这一点，选取一个训练好的模型，并针对测试数据集产生预测。如果通过设定大量不同的阈值，分别计算类分派，然后计算各分派的精准率、召回率和 F1 得分，那么就可以绘制出精准率和召回率的变化图，如图 2.8 所示。

图 2.8 是利用 yellowbrick 库制成的。该库包含很多用于模型选择和解释的可视化工具。可以通过以下网址进一步了解该库：https://www.scikit-yb.org/en/latest/index.html。

图 2.8 展示了每个介于 0 到 1 之间阈值的精准率、召回率和 F1 的指标值。从图 2.8 可以看到，很多机器学习库采用的默认阈值 0.5 并不是最好的选择，反倒是阈值取 0.45 时，可以得到更优的指标值。

图 2.8 中展示的另一个有用的概念是排队率（queue rate），其表示测试集中被标记为正的实例的比例。阈值为 0.45（图 2.8 中的虚线）时，可以看到排队率为 0.4。这意味着所有实例的近 40%将被标记为假。根据使用模型的业务流程，正例可能需要人工进行进一步分析。有

时，人工检查会耗费很多时间或资源，但是为了获得更低的排队率而对一些正例进行错误分类是值得的。在此情况下，即使模型性能可能会较低，人们也宁愿选择排队率更低的模型。

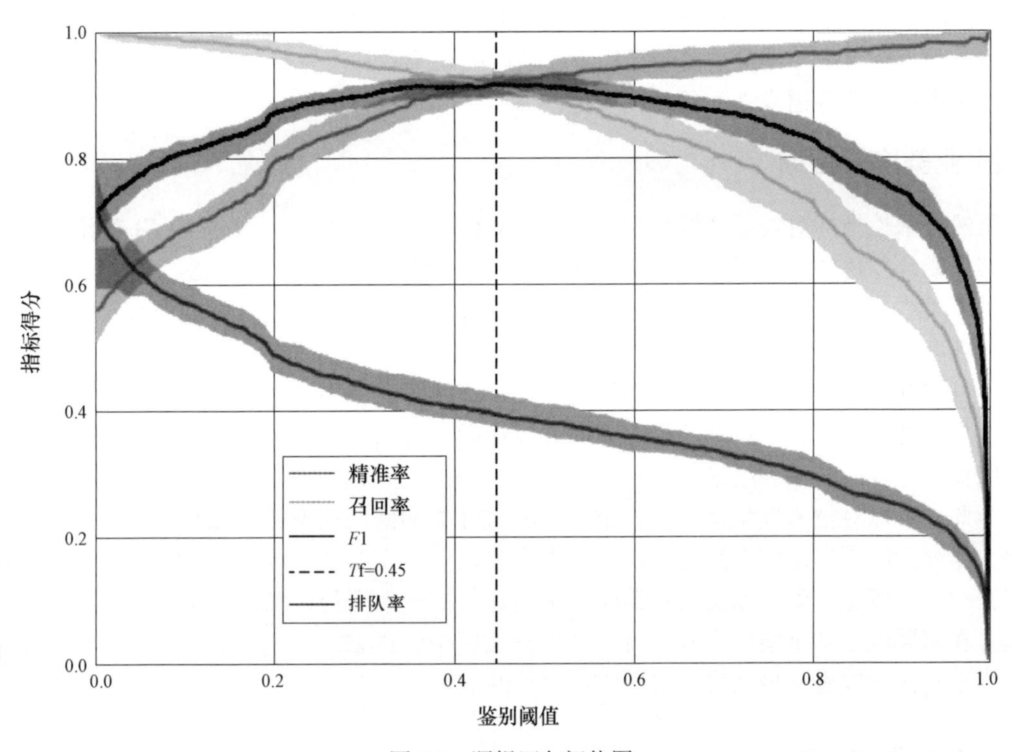

图 2.8　逻辑回归阈值图

所有关于精准率、召回率和阈值的信息都可以进一步综合为一个指标，称为**精准率–召回率曲线下面积**（area under precision-recall curve，PR AUC）。该指标可用于在大量不同模型中快速做出选择判定，而无须基于不同阈值手动评估模型质量。另一个常用于二元分类器评价的指标，称为 **ROC 曲线下面积**（area under the receiver operating characteristic curve，ROC AUC）。通常情况下，PR AUC 用于非平衡数据集，而 ROC AUC 用于均衡数据集。

这两个指标的区别在于计算方式，此处为了简单起见，省去了技术细节的介绍。AUC 指标的计算比本章介绍的其他指标的计算要更复杂一些。更多内容请访问 https://www.chioka.in/differences-between-roc-auc-and-pr-auc/和 https://en.wikipedia.org/wiki/Receiver_operating_characteristic。

对于如何正确平衡精准率、召回率、*F*1 和排队率，没有单一的规则可供选择。应该结合业务流程通盘分析各指标值。仅仅依靠技术指标选择模型可能会导致灾难性的后果，因为最适合客户的模型并非总是最精准的模型。有些情况下，高精准率可能比召回率更重要；而在其他情况下，排队率才是最重要的指标。说到这里，需要引入另一类指标——业务度量指标，它是技术指标和业务需求之间的连接桥梁。

2.1.4 业务度量指标

虽然技术性指标对模型开发很重要，但其并不使用业务语言。一大摞的 *F*1 混淆矩阵表很难给客户或合作伙伴们留下深刻印象。他们更关心模型能够解决什么问题，而不是模型本身。他们也不关心什么假阳性率，而是希望听到下一季度模型会为他们省下多少钱。因此，必须考虑业务度量指标。对于任何项目，都需要设定一个可以对所有关键的利益相关者（无论其是否具有数据科学经历）透明公开的质量指标。在实际业务中，一个良好的开端是，关注一下利用机器学习要改善的业务流程的**关键绩效指标**（key performance indicators，KPI）。这样很可能会找到现成的业务度量指标。

至此，可以对技术度量指标进行小结。测试分类和回归模型的方法有很多，它们都各有利弊。详细介绍所有这些方法可能需要写一本书，但没有必要，因为目的已经达到。掌握了本章介绍的新概念，就可以理解机器学习模型评价的一般流程，然后在实际条件下完成模型测试。在部署应用某个模型之前，可以使用离线模型测试来检查模型的质量。下一节将讨论在线模型测试，以进一步完善对模型质量评估的理解。

2.2 在线模型测试

2.2.1 在线测试的意义

离线模型测试手段再强大，也无法保证模型在实际应用中能够充分发挥其性能。影响模型性能的风险总是存在的，例如：

- **人**：人会犯错误，在代码中留下漏洞。
- **数据收集**：选择偏差和不正确的数据收集流程都会损害正确的度量值。
- **更改**：实际数据与训练数据集有变化和偏离，导致不可预期的模型行为。

确定近期模型性能的唯一方法是进行实际测试。根据环境的不同，这样的测试可能存有巨大风险。例如，在模型性能无法完全确信之前，评估飞机发动机质量或患者健康状况的这些模型并不适合进行实际测试。

进行实际测试时，应该在得出统计上有效的结论的同时将风险降到最低。好在有这样一个统计框架，称为假设检验（hypothesis testing）。在进行假设检验时，可以通过收集数据和进行统计测试来验证某些想法（假设）正确与否。假设需要验证一个新的广告模型（模式）能否增加广告服务的收入。为此，可随机地将客户分为两组：一组看到的是采用原来的广告算法推荐的广告，另一组则浏览的是采用新算法推荐的广告。在收集到足够数量的数据后，就可以做两组数据的对比，测度它们的差异。有人可能会问，为何需要借助统计学？

因为只有借助统计手段，才能回答以下问题：

- 应该如何将个体客户分（采样）到每个组里？采样过程是否会影响测试结果？
- 每组客户数量最少是多少？数据的随机变化是否会影响测度值？
- 测试历时多长时间才能获得可靠结果？
- 应该采用什么方式（公式）比较各组结果？

假设检验的实验准备需要有目的地将目标对象分为两组。可以尝试只设置一组来代替。例如，可以采用原先模型的一个测量集。完成实验的第一部分之后，再部署新的算法，测试其效果。然后，对比先后取得的这两组测量值。这样做会出什么问题呢？其实，这样所得的结果可能是没有意义的。在两组测试之间，什么事情都可能会发生，例如：

- 用户偏好。
- 用户氛围。
- 服务的欢迎程度。
- 一般用户画像。
- 用户或服务的其他属性。

所有这些隐形效果可能都会以不可预知的方式和程度影响测试结果，这就是需要测试组和控制组的原因。对选组方式的要求是，各组的差异仅仅是预定的假设。它应该出现在测试组而非控制组。例如，在药物实验中，控制组由服用无效对照剂的人组成。假设现在要测试一种新的止痛药的效果。以下是几个不恰当的测试分组情况：

- 控制组只有女性。
- 测试组和控制组分处不同地域。
- 利用倾向性访谈，为某个实验预设了测试对象。

最简单的建组方式是随机选择。在现实世界中，真正的随机选择可能很难做到，但是如果利用互联网则容易很多。在互联网上，可以随意决定为每位活动用户使用哪个版本的算法。务必要与有经验的统计学家或数据科学家一起规划设计实验方案，因为众所周知，正确的测试很难进行，特别是在离线的情况下。

统计测试可用来检验零假设（null hypothesis）的正当性。零假设是指，得到的结果是偶然的。与零假设对立的是备择假设（alternative hypothesis）。例如，广告模型测试一例的假设集合如下：

- **零假设**：新模型不影响广告服务收入。
- **备择假设**：新模型影响广告服务收入。

最有代表性的是，统计测试用来确定零假设为真的概率。如果概率较低，那么备择假设就是正确的。否则，必须接受零假设。如果根据统计测试，新模型不影响广告服务收入的概率是 5%的话，就可以说，以 95%的置信度接受备择假设。这意味着，模型有 95%的概率影响广告服务收入。拒绝零假设的重要性取决于可能承担风险的程度。对广告模型而言，95%的重要度是足够的；而对于测试患者健康状况的模型而言，则需要至少达到 99%。

最典型的假设测试是比较两种方法。如果将这种测试用于广告模型的话，可测得平均收入，无论是否采用新的排名算法。实验完成后，可根据测试统计结果，决定采纳或拒绝零假设。

证实一个假设需要收集的数据的多少取决于以下若干因素：

- **置信度**（confidence level）：需要的统计置信度越高，支持证据所需数据就越多。
- **统计功效**（statistical power）：代表检出显著差异（如果有）的可能性。测试的统计功效越强，得到假阴性响应的机会就越少。
- **假设差异和总体方差**（hypothesized difference and population variance）：如果数据的方差较大，就需要收集更多的数据来检测显著差异。如果两个均值之间的差异小于总体方差，则需要更多的数据。

从表 2.7 可以看出，不同的测试参数是如何确定需要多少数据的。

表 2.7　样本规模及其影响因素

置信度	统计功效	假设差异	总体方差	建议样本规模
95%	90%	10 美元	100 美元	给客户演示 22 次
99%	90%	10 美元	100 美元	给客户演示 30 次
99%	90%	1 美元	100 美元	给客户演示 2976 次

假设检验虽然强大，但也有其局限性：一方面，要等到实验结束才能利用实验结果。如果模型本身不好的话，那么不放宽测试要求，就无法降低损害。另一方面一次假设检验只能测试一个模型。

如果能够权衡统计的严谨性与速度和风险防范的话，可以考虑另一种称为**多臂老虎机**（multi-armed bandit，MAB，也称多臂强盗）的方法。为了理解这种方法，设想自己进入了一家拥有很多老虎机的赌场。其中有些老虎机比其他老虎机可以获得更多回报。现在要以最少的试验次数找到回报最好的老虎机。因此，可以尝试不同的（多个）老虎机以使回报最大化。可以将这种情况推广去测试多个广告模型：必须为每位用户找到一个最可能带来广告收入的模型。

最普及的多臂老虎机算法称为ε贪婪强盗（epsilon-greedy bandit，EGB）。尽管名字有点唬人，但该方法的内部机制其实很简单：

（1）选择一个较小的数值，称为ε。假设取$\varepsilon = 0.01$。

（2）选择介于 0 和 1 之间的一个随机数。该随机数将决定多臂老虎机是否探索或利用一个可能的选项集合。

（3）如果随机数小于或等于ε，则随机做出选择，并记录完成响应该选择的行动之后所获得的回报。这个过程被称为探索（exploration）——多臂老虎机以很低的概率随机尝试不同的行动，以找出其平均回报。

（4）如果随机数大于ε，那么根据收集到的数据做出最佳选择。这个过程被称为利用（exploitation）——多臂老虎机强调运用它所收集到的知识，执行具有最大期待回报的行动。多臂老虎机通过将每个选择所有记录的回报求取平均值并选择具有最大期望回报的选项来选择最佳行动。

通常先取较大的ε值，然后将其逐渐减小。如此一来，多臂老虎机一开始就可以探索大量的随机选择，并在最后采取回报最可观的行动。探索的频次逐渐减少，最终接近于零。

首次启用多臂老虎机时，它会从随机行动中收集回报。随着时间的推移，将会看到所有选项的平均回报收敛至它们的真值。多臂老虎机最大的优点是，它们实时改变自己的行为。当有人还在等待假设检验结果时，多臂老虎机已经给出了新的结果，包括最佳选择。老虎机是最基本的强化学习算法之一。虽然它们很简单，但能够给出好的结果。

现在有两种新的测试方法可用。在两者之间如何做出抉择呢？遗憾的是，没有简单的答案。假设检验和多臂老虎机对数据、采样过程以及实验条件的要求各不相同。在做出决定之前，最好咨询一下有经验的统计学家或数据科学家。数学约束并非唯一影响选择的因素，环境也很重要。如果能够对从总体人群中随机选择的个体进行不同选项的测试的话，多臂老虎机更有用。在为大型零售电商测试模型时，这可能非常方便可用。但是，这并不适用于临床试验，在此情况下最好采用假设检验。现将选择多臂老虎机或假设检验的经验规则归纳如下：

- 多臂老虎机更适合资源有限条件下需要测试很多可能选项的情况。采用多臂老虎机时，为了提高效率，需要权衡统计的严谨性。多臂老虎机收敛会花费一些时间，但是会随着时间的推移逐渐改善。

- 如果只有一个可能的选项，或者试验风险巨大，或者需要一个统计意义上的明确的答案，那么应该采用假设检验方法。假设检验所需的时间和资源不变，但其风险比多臂老虎机的更大。

一旦部署完成，在线测试模型对于确保离线测试结果不出现错误极其重要，但还是存在未覆盖的危险区域。如果数据中突然或未曾预料到的变化会严重影响甚至破坏已部署的模型，那么监控输入数据的质量也是一项重要的任务。

2.2.2 在线数据测试

即使在线测试顺利完成，也无法确保能够应对所有模型运行时意想不到的问题。机器学习模型对输入的数据极为敏感。好的模型具有一定程度的泛化能力，但是数据或者产生数据的过程如果变化太大的话，可能会导致模型预测偏离。如果在线数据显著偏离测试数据的话，在线测试之前就无法确认模型的性能。如果测试数据与训练数据不同，那么模型就不可能按照预期正常发挥作用。

为了克服这样的问题，需要监测所有输入数据，快速检查数据质量。典型的检查事项包括：

- 必需数据段的缺失值。
- 最小值和最大值。
- 分类数据段的可取值。
- 字符串数据格式（日期、地址）。
- 目标变量统计值（分布检查、均值）。

2.3 本章小结

本章回答了一个非常重要的问题：模型正确运行意味着什么？本章讨论了误差的本质，并研究了量化和测度模型误差的度量指标；分析了离线模型测试和在线模型测试的界限，并定义了各自的测试流程。离线模型测试可采用训练－验证－测试数据分离法和交叉验证法；在线模型测试可采用假设检验法和多臂老虎机方法。

第 3 章将介绍数据科学的内部机制，深入探讨机器学习和深度学习背后的主要概念，对机器是如何学习的给出直观的解释。

第3章 人工智能基础

前面的章节介绍了数据科学能做什么以及如何检查模型能否发挥作用。所涉及的内容已经涵盖了数据科学的主要领域，包括机器学习和深度学习。但是，算法的内部机制仍罩在雾里，令人难以辨识。本章将深入剖析这些算法。读者可以直观地理解如何用数学和统计学定义学习过程。深度神经网络将不再神秘，机器学习的专业术语也将不再令人生畏，相反将奉献真知灼见以帮助完成未来不断增多的机器学习项目。

本章不仅会令读者本人受益，还有助于读者利用新知识与同事更好地沟通，使交流简短而有针对性，使团队协作更加高效。本章首先直截了当地触及机器学习问题的核心：学习过程的定义。为此，要先从数据科学的两个基础话题——数学和统计学开始。

第 3 章包括以下主题：

- 理解数学优化。
- 理解统计学。
- 机器如何学习？
- 探究机器学习。
- 探究深度学习。

3.1 理解数学优化

首先阐述数学优化的概念。优化是机器学习问题的核心部分。事实证明，学习过程就是一个数学优化问题。关键是要如何正确地定义这个问题。为了给出好的定义，需要理解数学优化的机制以及能够解决什么问题。

在业务部门工作的人们肯定每天都会听到优化这个词。优化意味着让工作更有效、成本更少、回报更多、风险更小。优化需要采取一系列行动、评估结果，以及确定是否取得了更好的结果。

例如，对每天上班的路线进行优化，可以将驾车从家里到办公室的总用时最小化。假设此时最关注的就是时间问题。那么，优化就意味着用时最短。可以试试不同的选择，如走另外一条路线，或者乘坐公共交通工具而非自驾。为了得到最优方案，需要利用相同的指标评估所有路线，即从家里到办公室花费的总用时。

为了更好地定义优化问题，可以考虑另一个例子。朋友乔纳森（Jonathan）厌倦了日复一日的银行工作，因此他开办了一家养兔场。结果兔子繁殖得很快。一开始乔纳森买了四只兔子，没多久变成了 16 只。一个月后，兔子的数量增加到 256 只。快速繁殖的兔子导致花销增大。乔纳森的兔子销售速度低于兔子繁殖速度。乔纳森有位精明的农场主朋友阿伦（Aron），他对乔纳森的兔子的出产率印象深刻，提出愿意以折扣价买下所有多出来的兔子。乔纳森需要确定卖给阿伦多少只兔子才能应对以下状况：

- 不至于让很想买兔子的人买不到兔子。兔子繁殖率不应该低于兔子销售预期。
- 养兔子的总成本在预算控制范围内。

显然，这是在定义另一种优化问题，且养兔场开始提醒乔纳森以前放弃的银行工作。这个优化问题非同一般，看上去很难。在上一个优化问题中，试图要做的是使通勤时间最短。而在这个优化问题中，试图要做的是确定出售兔子的最小数量而不违背其他条件。这种问题被称为**有约束优化问题**（constrained optimization）。附加的约束条件可以更真实地反映复杂环境下的场景。例如，有约束优化方法可以解决规划、预算、路径等优化问题。最后，乔纳森对养兔场失去了兴趣，将其卖给了阿伦。然后，他继续寻找与其银行工作毫无瓜葛的完美的职业。

有些地方，收益与损失不再是令人困惑的问题，那就是技术大学里的数学系。为了谋求数学系的职位，必须通过考试。第一个问题就是求函数 $f(x)=x^2$ 的极小值。该函数的曲线图如图 3.1 所示。

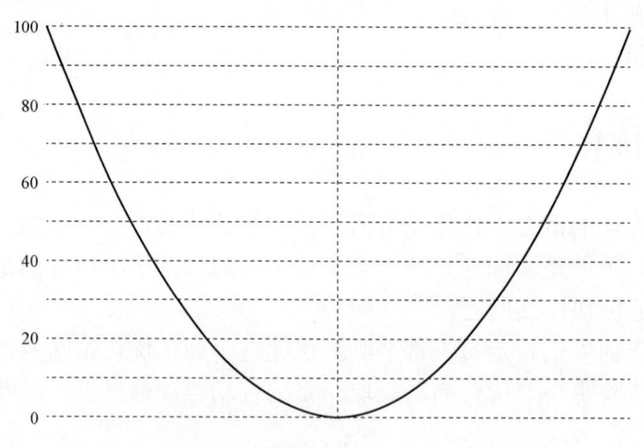

图 3.1　函数曲线图：$f(x)=x^2$

由图 3.1 可见，函数取值都不小于 0，因此答案显然就是 0。第二个问题与第一个问题相似，但有一点变化——求函数 $f(x)=a+x^2$ 的极小值，其中 a 是一个任意数。为了获得答案，可以绘制一组函数曲线，发现其极小值总是 a。

最后一个问题是最难的题目。不给定 $f(x)$ 的具体式子，但是可以随意去问老师：如果知道 x ，那么 $f(x)$ 的值是多少。绘制出函数曲线是不可能的。其他的函数曲线图中，极小值总是最低点。如果没有曲线图，如何找到最低点呢？为了解决这个问题，设想已有这个函数的曲线图。

首先，过函数的任意两点画一条直线，如图 3.2 所示。

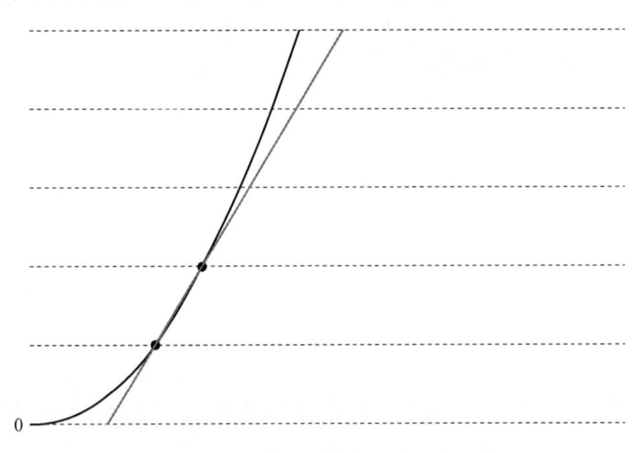

图 3.2　过任意两点的直线

令两点间的距离为 ϵ 。如果逐渐减小 ϵ ，两点将接近，最终看上去它们收敛至一个点，如图 3.3 所示。

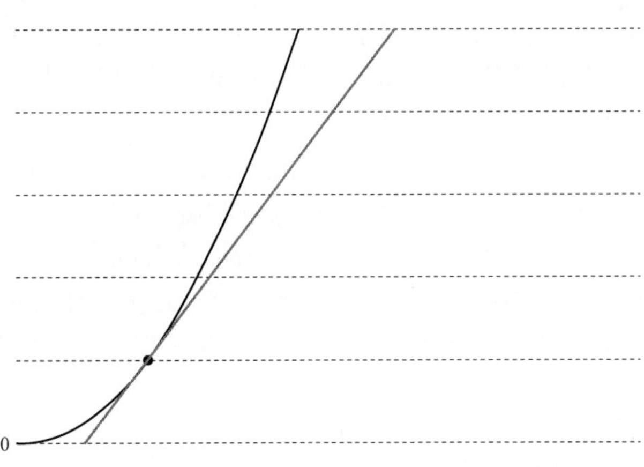

图 3.3　两点收敛至一个点

图 3.3 中的直线称为切线。切线有一个很实用的性质，即切线的斜率可用于找到函数的极小值或极大值。如果切线是平坦的，那么意味着找到了函数的极小值或极大值。如果近邻

的点都高的话，该点就是极小值点；如果近邻的点都低的话，该点则为最大值点。

图 3.4 展示了一个函数的曲线、极大值点，以及切线。

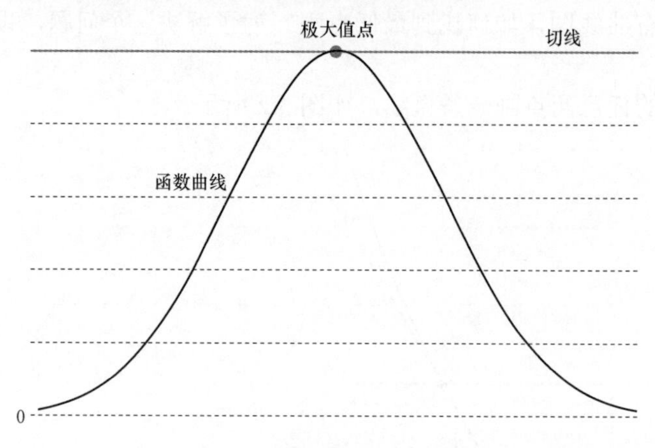

图 3.4　函数的极大值与切线

绘制一组直线和点其实是很枯燥的。好在有简单的方法可以计算 $f(x)$ 和 $f(x+\epsilon)$ 之间直线的斜率。如果记得勾股定理（Pythagorean theorem，又称毕达哥拉斯定理）的话，答案即刻可得：$\dfrac{f(x+\epsilon)-f(x)}{\epsilon}$。利用该式能很容易地求得斜率。

至此，成功地完成了第一个数学优化算法，称为梯度下降法（gradient descent）。该算法的名称显得有点神乎其神，但含义直观明了。为了更好地理解函数优化，可以想象自己置身于山丘之巅。假设需要闭着眼睛下山。那么人们往往会用脚试探周围以了解地势情况。一旦感觉到有下降趋势的地形，就会向前迈出一步，并重复上述步骤。用数学术语来表述的话，山丘就是函数 $f(x)$。每次评价斜率，便可以计算出函数的梯度 $\Delta f(x)$。沿着梯度方向便可以找到函数的极小值或极大值。这就是称为梯度下降法的缘由。

利用梯度下降法可以求得最后的极值。首先选择一个起始点 x_0，计算函数值 $f(x_0)$，然后利用小数 ϵ 计算斜率。根据斜率值，决定下一个点 x_1 应该大于还是小于 x_0。当斜率变为 0 时，需要利用若干近邻点，检查当前值 $f(x)$ 是极小值还是极大值。如果所有近邻点的值小于 $f(x)$，那么当前值是极大值，否则就是极小值。

同样，有一点需要注意。考察如图 3.5 所示的函数：

如果梯度下降从点 ***A*** 开始，那么最终可以得到真正的极小值。但是，如果从点 ***B*** 开始，那么就会陷入局部极小值。当使用梯度下降法时，也许永远也不知道获得的是局部极小值还是全局极小值。对此，检查的一种方法是选择相互远离的若干点，多次探索梯度下降。避免局部极小值的另一种办法是增大步长 ϵ。但要注意，如果 ϵ 太大，有可能一而再再而三地跳

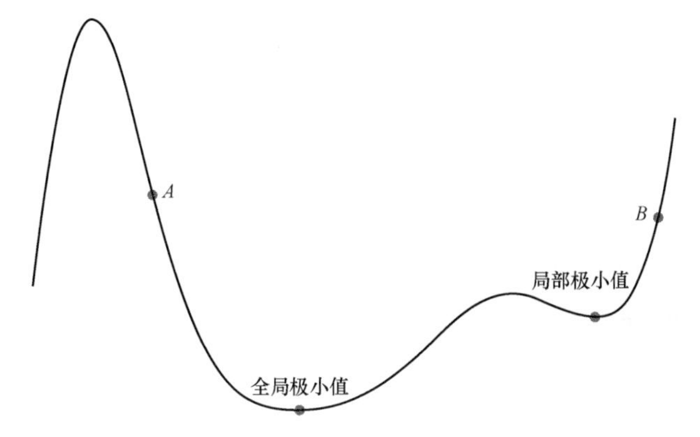

图 3.5　具有局部极小值和全局极小值的函数

过极小值，永远也无法达成找到全局极小值的真正目标。

在机器学习领域，有很多数学优化算法，需要进行不同的折中权衡。梯度下降法是最简单且最容易掌握的算法。尽管简单，但梯度下降法还是常用于训练机器学习模型。

在继续讨论之前，请回顾以下几个要点：

- 数学优化是机器学习的核心。
- 有两种优化问题：有约束问题和无约束问题。
- 梯度下降法是最简单但应用广泛的优化算法。为了直观地理解梯度下降原理，可以想象下山行为。

至此，可以说读者已经掌握了数学优化的基本原理，接下来就可以研究统计学原理，这是机器学习的鼻祖。

3.2　理解统计学

统计学涵盖了数据处理所有的相关事务，如收集、分析、解释、推理和展示。统计学领域广阔，特别是包含了很多数据分析方法。涵盖这一切超出了本书的范围，本书仅将重点探讨机器学习的一个核心概念，即**最大似然估计**（maximum likelihood estimation，MLE）。同样地，不要畏惧这个专业术语，因为其基本概念还是简单直观的。为了理解最大似然估计，需要深入了解统计学的基石——概率论。

首先，要理解在具备了丰富的数学知识的基础上为什么还需要概率。使用微积分可以在无穷小的尺度上运用各种函数，并测度函数的变化。使用代数可以处理方程的求解。还有其他很多数学分支领域在致力于解决几乎所有可以想到的难题。甚至提出了范畴论（category theory），试图为所有数学理论提供一种几乎无人明白（包括 Haskell 程序员）的广义语言。

但是，更难的是，人们生活在一个混沌宇宙之中，无法精确地测度事物。如果研究的是现实世界及其活动，那么需要了解很多与实验事件截然不同的随机事件。因为不确定性无处不在，所以必须要控制它以便为我所用。这时，概率论和统计学就能发挥作用了。概率可以用来量化和测度不确定性事件，从而支持人们做出正确的决策。丹尼尔·卡尼曼（Daniel Kahneman）在其广为人知的著作《思考，快与慢》（*Thinking，Fast and Slow*）中指出，人类的直觉在解决统计问题时是无能为力的。概率思维有助于避免偏见，确保理性行事。

3.2.1 频率学派的概率

设想一个陌生人推荐我们玩一款游戏：他给我们一枚硬币，让我们抛掷硬币。如果硬币头像朝上，就可以得到 100 美元。如果硬币背面朝上（头像朝下），就得支付 75 美元。玩此游戏之前，肯定要确认这个游戏是否公平。如果硬币偏向背面，我们就会很快输个精光。要怎么办呢？这里不妨做个实验。如果硬币头像朝上，记作 1；如果硬币背面朝上，则记作 0。有趣的是，需要抛掷 1000 次以确保计算是正确的。假设得到的结果为：头像朝上 600 次（1），背面朝上 400 次（0）。如果计算过去头像或背面出现的频率，结果分别是 60%和 40%。可以将这些频率解释为硬币出现头像或背面的概率。这就是关于概率的频率学派的观点。事实证明，硬币实际上更偏向头像。这个游戏的预期值的计算方法是：将概率乘以各自金额，然后求和（下式中取负值，因为 40%是可能的损失而非收益）。

$$0.6\times100-0.4\times75=30$$

玩的次数越多，就能赚得更多。即使连续几次抛掷都不走运，也要相信很快就会时来运转。因此，频率学派的概率测度的是某个事件相对其他所有事件的比例。

3.2.2 条件概率

3.2.2.1 条件概率示例

假设给定的其他事件已经发生，计算某个事件的概率并不难。给定事件 $\boldsymbol{B}$，可将事件 $\boldsymbol{A}$ 的条件概率记为 $P(A|B)$ 。以下雨为例：

- 如果听到打雷声，那么下雨的概率是多少？
- 如果艳阳高照，下雨的概率是多少？

图 3.6 展示了不同事件同时发生的概率。

从图 3.6 所示的欧拉图可见，$P(\text{下雨}|\text{打雷})=1$，这意味着听到打雷声就必然会下雨（其实并不完全正确，不过为了简单起见，可以认为这是正确的）。

那么 $P(\text{下雨}|\text{晴天})$ 又如何呢？由图 3.6 可见，该事件发生的概率很小。但是，如何用数学形式定义这个问题以便做出精准的计算呢？根据条件概率的定义，可得下式：

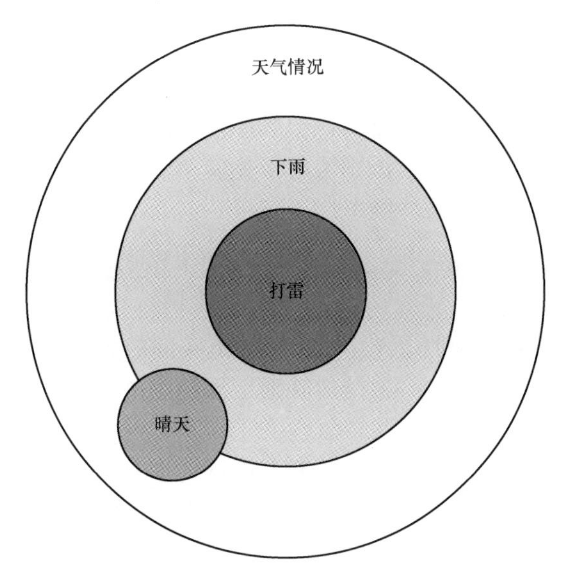

图 3.6　不同事件同时发生的概率

$$P(\text{下雨}|\text{晴天})=\frac{P(\text{晴天，下雨})}{P(\text{晴天})}$$

也就是说，用下雨和晴天的联合概率除以晴天的概率，即可得到 $P(\text{下雨}|\text{晴天})$。

3.2.2.2　相关事件与独立事件

如果一个事件的概率不影响另一个事件的概率，那么这两个事件是独立的。以掷骰子并且连续两次得到 2 的概率为例。这些事件是独立的。对此可以表示如下：

$$P(\text{掷出}2)=P(\text{掷出}2_{\text{第1次}})P(\text{掷出}2_{\text{第2次}})$$

为什么这个式子是成立的呢？首先，将第 1 次掷骰子和第 2 次掷骰子的事件重新命名为 A 和 B，以避免记述混乱。然后，重新明确地将掷骰子的概率表述成两次掷骰子的联合概率，即：

$$P(A,B)=P(A)P(B)$$

接着用 $P(A)$ 乘以和除以 $P(B)$（其实没有任何变化，可以被约掉），再根据条件概率的定义，记为：

$$P(A)=\frac{P(A)P(B)}{P(B)}=\frac{P(A,B)}{P(B)}=P(A|B)$$

如果从右向左看上式的话，就会发现 $P(A|B)=P(A)$。这就意味着，A 与 B 是独立的。对于 $P(B)$，结论同样成立。

3.2.3 关于概率的贝叶斯观点

前面提到的概率是用频度进行测度的，但频率学派的方法并非定义概率的唯一方法。频率学派将概率看作比例，而贝叶斯学派则考虑了先验信息。贝叶斯理论的核心是一个简单的定理，其允许基于先验知识计算条件概率：

$$P(\text{晴天}|\text{下雨}) = \frac{P(\text{晴天})P(\text{下雨}|\text{晴天})}{P(\text{下雨})}$$

在该例中，先验值是 $P(\text{下雨}|\text{晴天})$。如果不知道实际的先验值，那么可以转而利用基于经验的估计值，以完成近似计算。这就是贝叶斯定理的绝妙之处。人们可以利用简单的要素计算复杂的条件概率。

贝叶斯定理意义重大，应用广泛。贝叶斯理论甚至拥有自己的统计学和推理方法分支。很多人认为，贝叶斯观点更接近人类理解不确定性的方式，特别是先验经验深刻影响着人们的决策。

3.2.4 分布

概率与一组结果或事件相关。很多用概率描述的问题具有一些共性。图 3.7 展示了鸣钟曲线（高斯分布曲线）。

鸣钟曲线，又称高斯分布曲线，其以最可能的结果集为中心，而两侧的尾部则表示最不可能的结果。由于自身的数学性质，鸣钟曲线在现实世界里无处不在。例如，随机挑选一批人，测量其身高，结果就会呈现鸣钟曲线状；测量草坪里草叶的高度，结果仍然是鸣钟曲线；统计城市里具有不同收入的阶层的概率，结果依然如此。

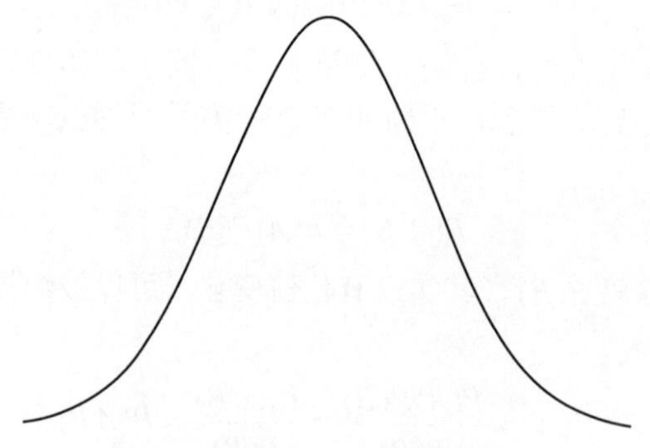

图 3.7 鸣钟曲线（高斯分布曲线）

高斯分布是最常见的分布之一，但还有很多种其他分布。概率分布是一种数学法则，其说明不同事件可能结果的概率被定义为一个数学函数。

测度硬币抛掷事件结果的相对频率，实际上计算的是所谓的经验概率分布（empirical probability distribution）。硬币抛掷也可以定式化为伯努利分布（Bernoulli distribution）。如果想计算 n 次抛掷后头像朝上的概率，可以使用二项分布（binomial distribution）。

引入一个可用于概率环境中的类似于变量的概念——随机变量是很方便的。随机变量是统计学的基本构成要素。每个随机变量都被赋予一个分布。随机变量通常用大写字母标记，符号“～”则用来指定赋给变量的分布：

$$X \sim Bernoulli(0.6)$$

上式意味着，随机变量 X 的分布服从伯努利法则，其成功（头像朝上）的概率等于 0.6。

3.2.5　利用数据样本计算统计量

假设正在进行关于人类身高的研究，并急于发表有影响力的学术论文。为了完成这项研究，需要测量相关区域的人均身高。有两种办法：

- 收集所在区域的所有人的身高值，求取均值。
- 应用统计学方法和工具。

统计学方法使得不用收集人群中每位成员的完整数据，便能推断出人群的不同性质。从真实总群中随机选取数据子集的过程称为采样（sampling）。统计就是利用来自样本的值进行数据归纳的手段。几乎每个人每天都要用到的统计方法是求样本均值或算数平均值：

$$\overline{x} = \frac{1}{n}\sum_{i=1}^{n} x_i$$

这里随机选取 16 人作为样本，计算其平均身高。表 3.1 列出了为期 4 天测得的身高值。

表 3.1　身高测量结果

日期	身高	平均值
星期一	162cm，155cm，160cm，171cm	162.00cm
星期二	180cm，200cm，210cm，179cm	192.25cm
星期三	160cm，170cm，158cm，176cm	166.00cm
星期四	178cm，169cm，157cm，165cm	167.25cm
总计	—	171.88cm

每天采集 4 个身高样本，共计 16 个样本。统计专家弗雷德（Fred）在星期五告知，他已经采集了 2000 人的样本数据，本区域的人均身高大概为 170cm。

为了把握实情，可以看看样本均值在新的数据点加入时是如何变化的，如图 3.8 所示。注意，第 2 天的平均值高得出奇。也许碰巧遇到了 4 位高个子。数据的随机波动称为方差。

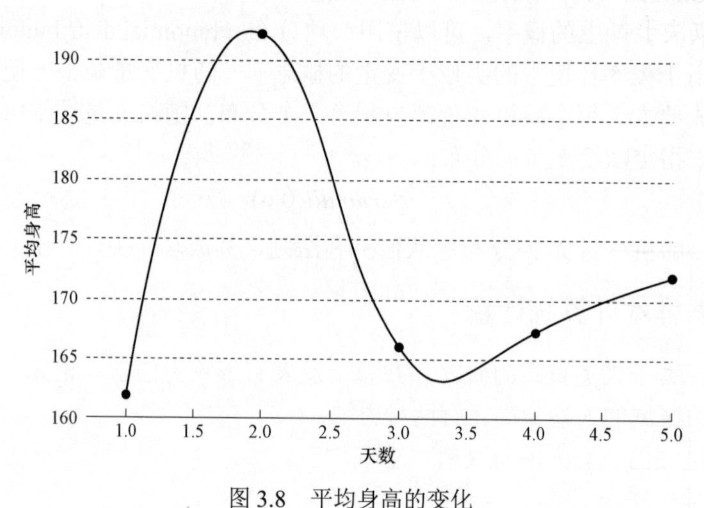

图 3.8 平均身高的变化

可以利用下式测度样本方差：

$$s^2 = \frac{1}{n-1}\sum_{i=1}^{n}(x_i - \overline{x})^2$$

样本方差是数据的一个归纳指标，因此可以作为另一个统计量。方差越大，就需要收集更多的样本，以便计算出接近真实值的准确的平均值。这种现象有一个提法，即大数定律。所做测量越多，估测就越准确。

3.2.6 统计建模

统计学并非简单地计算归纳性指标。统计学最令人感兴趣的是建模。统计建模研究的是对数据建立一组统计假设的数学模型。为了说明这一点，请回到前面提到的天气例子。已知收集了一个数据集，其随机变量用来描述当前的天气。

- 平均风速。
- 空气湿度。
- 气温。
- 某地空中可见的飞鸟总数。
- 统计人员的情绪。

利用上述数据，推断出哪些变量与下雨相关。为此，需要建立统计模型。除了上述数据，还记录了一个二值的下雨变量。如果下雨，取值 1，否则取值 0。

这里提出一组关于数据的假说：

- 下雨概率呈伯努利分布。
- 下雨概率取决于收集的数据。换言之，数据与下雨概率之间存在关系。

读者也许感觉用概率考虑下雨问题有点奇怪。例如，声称上周三的下雨概率是 45%，这意味着什么？上周三是过去了的一天，所以可以验证数据，确认是否有雨。关键是要知道，在数据集中，有很多天的情况与上周三的类似。假设已收集到表 3.2 所示的数据：

表 3.2　下雨相关变量的数据集

星期	风速	湿度	气温	结果
星期一	5m/s	50%	30℃	没下雨
星期二	10m/s	80%	25℃	下雨
星期三	5m/s	52%	28℃	下雨
星期四	3m/s	30%	23℃	没下雨
星期五	8m/s	35%	27℃	没下雨

由表 3.2 可知，周一和周三的情况非常相似，但是结果却截然不同。在一个足够大的数据集中，有两行数据精准匹配但结果完全不同的情况，完全不足为奇。为什么会出现这种情况呢？首先，当前的数据集并不包括所有能够描述下雨的变量。收集这样的数据集也是不可能的，所以需要假设已收集的数据与下雨有关，但并不能完全描述下雨。测量误差、事件随机性、不完全数据等都使得判断是否下雨具有概率性。也许读者会困惑：下雨本身具有概率性吗？或者每次下雨是预先设定的吗？要确认下雨事件是否具有确定性，必须收集宇宙完整状态下每天的数据，其实这是不可能的。统计学和概率论有助于理解这个世界，尽管信息不够完善。例如，设想数据集中有 10 天的情况与上周三的相似。所谓相似，就是收集的所有变量数据仅仅略有不同。在这 10 天中，有 8 天下雨，2 天晴朗。这就可以说，与上周三相似的某一天，下雨的概率为 80%。这是给定已知数据情况下所能给出的最准确的答案。

明确了关于数据的假设后，就可以进行建模。这里还有另一个假设，即存在一个利用数据估测下雨概率的数学模型 $\boldsymbol{M}$。也就是说，模型 $\boldsymbol{M}$ 利用数据 $\boldsymbol{d}$ 来学习数据与下雨概率的关系。该模型通过赋予最接近数据集中真实结果的下雨概率来推导关系。

模型 $\boldsymbol{M}$ 的主要目标不是做出准确的预测，而是找到和解释关系。这就是统计学与机器学习之间的分界线。机器学习试图找到准确的预测模型，而统计学运用模型发现原因与解释。目标不同，但是让模型学习数据的基本概念是一致的。现在，将确定模型 $\boldsymbol{M}$ 是如何从数据中学习的。下面将解开魔法，留下对机器学习背后数学知识的直接理解。

3.3 机器如何学习

算法是如何学习的？如何定义学习？人类通过生活实践学到了很多东西。可以说，学习是人类再自然不过的任务。人在出生后的最初几年里，要学习如何控制身体、行走、说话以及识别不同的物体。人在学习中不断获得新的体验，而这些体验改变了人的思考、行为和活动方式。一段计算机代码能像人一样学习吗？为了实现机器学习，首先需要找到一种直接将体验转换成算法的方法。

在实际案例中，值得关注的是教会算法更快、更好、更可靠地完成原来由人来完成的各种特定任务。目前，关注的重点在于预测和识别任务。这就需要开发能够识别模式和预测未来结果的算法。表 3.3 列举了一些识别与预测任务的示例。

表 3.3 识别与预测任务的示例

识别任务	这是一位高收入客户吗？ 这套房子目前价值多少？ 图像里的物体是什么？
预测任务	这位客户未来 6 个月内能还清债务吗？ 下一季度我们的销售额会多少？ 这次投资的风险如何？

第一个想法可能是像人一样学习，并通过语言、图像和示例提供解释和说明。但是，实现这种方式的学习，需要开展很多复杂的认知活动，如听、写和说。计算机算法本身不能像人一样获得新的体验。相反，如果以数字化数据的方式获得世界的一个简化模型的话，情况会如何呢？例如，仅使用有关顾客购买与商品排行等数据便可以预测 Acme 公司顾客流失情况。数据集越完备，顾客流失预测模型就可能越准确。

再看另一个例子，准备构建一个机器学习项目的成本估算器。该模型利用项目的属性数据估算成本。假设已经收集了某公司每个项目的属性数据，见表 3.4。包含这些属性的示例数据集则见表 3.5。

表 3.4 机器学习项目的属性

属性名称	属性类别	属性描述	可能值
属性数量	整数	项目数据集中的数据属性数量	0 到∞
数据科学家数量	整数	客户要求投入项目实施的数据科学家数量	0 到∞

续表

属性名称	属性类别	属性描述	可能值
系统集成	整数	客户是否要求与客户软件系统集成	0：无集成 1：有集成
公司规模	整数	表明客户是否有大量员工	0：员工数大于 100 1：员工数小于或等于 100
总项目成本	整数	总成本（美元）	0 到∞

表 3.5　机器学习项目的示例数据集

属性数量	数据科学家数量	系统集成	公司规模	总项目成本
10	1	1	0	135 000
20	1	0	1	140 000
5	2	1	0	173 200
100	3	1	1	300 000

可以考虑的最简单的模型就是所谓的线性模型。该模型对乘以变量系数的数据属性值进行加法运算，得到项目成本估值：

总项目成本=基本成本+每项数据属性的成本×属性数量+每位数据科学家的成本×数据科学家数量+系统集成成本×系统集成+客户关系复杂度成本×公司规模

在这种最简单的情况下，虽然不知道成本变量的真实值，但是可以利用统计学方法，根据数据进行估算。给定一组随机参数：

- 基本成本=50 000。
- 每项数据属性成本=115。
- 每位数据科学家成本=40 000。
- 系统集成成本=50 000。
- 客户关系复杂度成本=5000。

如果将这些参数值代入数据集中的每个项目，可以得到以下结果：

项目 1 总成本=50 000+115×10+40 000×1+50 000×1+50 000×0=141 150

项目 2 总成本=50 000+115×20+40 000×1+50 000×0+50 000×1=142 300

项目 3 总成本=50 000+115×5+40 000×2+50 000×1+50 000×0=180 575

项目 4 总成本=50 000+115×100+40 000×3+50 000×1+50 000×1=281 500

读者可能已经注意到，这些计算值与数据集中项目的实际成本是不同的。这意味着，如果将这个模型应用于实际项目，那么估计结果是有误差的。有很多方法可以测度这个误差，这里只考虑最常用的一种方法，即：

$$误差=\sqrt{(项目估测成本-项目实际成本)^2}$$

量化预测误差的方法有很多，但都有需要权衡的地方与局限性。误差测度方法的选择是建立机器学习模型最重要的技术要点之一。

对于总体误差，可以考虑对所有项目的单个误差进行算术平均值计算。计算得到的值称为**均方根误差**。

这种测度方法的精确数学形式并不重要。均方根误差背后的原理简单明了。虽然可以通过对线性模型施加若干技术约束，推导出均方根误差的计算公式，但数学证明超出了本书的范围。

事实证明，可以利用优化算法来调整成本参数，使均方根误差最小化。换言之，可以找到最佳的成本参数组合，以最小化数据集中所有项目的成本估测误差。这个处理称为最大似然估计。

最大似然估计给出了一种利用给定数据估计统计模型参数的方法。该方法试图使给定数据参数的概率最大化。这听起来可能很难，但是这一概念会变得非常直观，如果重新将定义表述为以下问题：应该设定哪些参数，以使得到的结果最接近数据？最大似然估计有助于找到这个问题的答案。

下面来看另外一个例子，以寻求更一般的方法。假设已经启动了一项咖啡订购服务。一位顾客在移动 App 上选择了喜好的咖啡，填写了地址和支付信息。之后，送货员每天早上为其送上一杯热咖啡。App 里有意见反馈系统。商家通过推送通告为顾客提供应季新品和折扣信息。去年用户数量大幅增长：近 2000 人已经在使用该服务，每月还有 100 多人订购此服务。但是，顾客的流失率也在快速增长。营销手段并没有改变太多。为了解决这一问题，商家决定建立一个机器学习模型，以提前预测顾客的流失情况。如果察觉到某位顾客将要流失的话，可以为其量身定制推销方案，使其重新转变为活跃用户。

这次模型的定义将更为严格与抽象。定义一个模型 $\boldsymbol{M}$，顾客数据为 $\boldsymbol{X}$，历史流失情况为 $\boldsymbol{Y}$。这里称 $\boldsymbol{Y}$ 为目标变量。

表 3.6 描述了数据集的属性。

表 3.6 数据集的属性

属性名称	属性类别	属性描述	可能值
订购月数	整数	顾客订购服务的月数	0 到∞
生效的专供	整数	上月顾客启用的专供数量	0 到∞

续表

属性名称	属性类别	属性描述	可能值
工作日杯数	浮点数	上月顾客工作日订购的平均杯数	1.0 到∞
周末杯数	浮点数	上月顾客周末订购的平均杯数	1.0 到∞

这种表称作数据字典（data dictionary）。数据字典用于理解模型输入和输出的数据，而不必考虑代码或数据集。每个数据科学项目都必须有一个最新的数据字典。本书后面将提供更完整的数据字典示例。

目标变量 $\boldsymbol{Y}$ 的描述见表 3.7。

表 3.7　目标变量 *Y* 的描述

目标变量名称	目标变量类别	目标变量描述	目标变量可能值
流失量	整数	表示上月顾客是否停止使用订购服务	0 或 1

给定顾客描述 x，模型输出流失概率 $\hat{y}$ 。y 上的帽子意味着 $\hat{y}$ 不是真实的流失概率，而只是可能带有误差的估计值。$\hat{y}$ 值并不严格为 0 或 1。事实上，模型输出 0%～100%的概率。例如，对某位顾客 x，得到 $\hat{y}$ 值为 76%。可以这样解释该值：基于历史数据，该顾客流失的预期可能为 76%；或者，100 位与 x 一样的顾客中，有 76 位会流失。

机器学习模型必须有几个变量参数可用作调整，以便更好地匹配流失结果。既然已经有了公式，就必须至少引入一个希腊字母。模型的所有参数都将用 $\boldsymbol{\theta}$ 表示。

现在，万事俱备：

- 历史顾客数据 $\boldsymbol{X}$ 和流失值 $\boldsymbol{Y}$ ，这些称为训练数据集 $\boldsymbol{X}_{train}$ 。
- 机器学习算法 $\boldsymbol{M}$ ，它用来接收顾客描述 $\boldsymbol{x}$ ，输出流失概率 $\hat{y}$ 。
- 模型参数 $\boldsymbol{\theta}$ 可以利用最大似然估计算法进行调整。

现在对训练数据集 $\boldsymbol{X}_{train}$ 进行最大似然估计，估计模型 $\boldsymbol{M}$ 的参数 $\hat{\boldsymbol{\theta}}$ 。已经为 $\boldsymbol{\theta}$ 加了帽子，表明理论上可能有最优的参数集 $\boldsymbol{\theta}$ ，但实际上只有有限数据。所以，能够得到的最优参数集只是可能带有误差的估计值。

最终利用模型对顾客流失概率 $\hat{y}$ 进行预测：

$$\boldsymbol{M}(x,\theta)=\hat{y}$$

概率的精确解释非常依赖于用来估计该概率的模型 $\boldsymbol{M}$。有些模型可以用来给出概率性的解释，而有些模型则不能。

注意，这里并没有明确定义所用机器学习模型 $\boldsymbol{M}$ 的类别。已经定义的是一个抽象的数据学习框架，它并不依赖于特定的数据或者具体的算法。这就是开启无限可能的实际应用的数学之美。利用这个抽象的框架，可以处理很多有着不同权衡和功能的模型 $\boldsymbol{M}$ 。这就是机器学习的原理。

如何选择模型

有很多不同类型的机器学习模型和估计方法。线性回归和最大似然估计是最简单的例子，它们能够说明很多机器学习模型背后的基本原理。没有免费午餐定理指出，没有任何模型能够对每个数据集的每个任务给出最优结果。机器学习框架是抽象的，但这并不意味着能够产生一个完美的算法。有些模型很适合某项任务，但对其他任务则很糟糕。有的模型可以比人都能更好地分类图像，但是却无法进行信用评估。给定一项任务，在为其选择最好模型的过程中需要深入了解多领域的知识，如机器学习、统计学和软件工程。模型选择取决于很多因素，如统计数据属性、要解决的任务的类型、业务约束以及风险。这就是为什么只有专业的数据科学家才能处理机器学习模型的选择和训练。这个过程要考虑的因素错综复杂，对它们的全面的介绍已经超出了本书的范围。有兴趣的读者可以参阅本书末尾给出的书单，在那里可以找到一些免费书籍，以更深入地了解机器学习的技术内容。

3.4 探究机器学习

前面的章节已经介绍了利用数学和统计学定义学习过程的一般思路，在此基础上，可以进一步探讨机器学习的内在机理。机器学习研究在无明确的指令条件下能够学习和完成特定任务的算法和统计模型。正如每个软件开发经理应该具有一些计算机编程方面的专业知识一样，数据科学项目经理也应该了解机器学习。准确把握机器学习算法的基本概念有助于更好地理解项目的限制与要求。这样才有益于项目团队成员之间的沟通与了解。掌握机器学习的基本术语，有助于用数据科学的语言表达自己的思想。

下面将深入探讨流行的机器学习算法背后的主要机理，为免一叶障目，这里不涉及具体的技术细节。

3.4.1 机器学习简介

3.4.1.1 机器学习的主要目标

谈及机器学习，一般是指精准预测和识别。统计学家常常用简单但可解释的、具有严格数学意义的模型来解释数据和证明某个观点。机器学习专家则致力于构建更复杂、更难解释的、如同黑盒一样的模型。因此，很多机器学习算法更适合精准预测而非模型解释。这一趋势正在缓慢地发生变化，虽然更多的研究人员在关注模型解释和预测说明，但是机器学习的主要目标依然是建立更快、更准确的模型。

3.4.1.2　机器学习模型的生命周期

构建机器学习模型时，一般遵从固定的几个阶段：

- **探索性数据分析**（exploratory data analysts，EDA）：数据科学家利用一套统计和可视化技术更好地理解数据。
- **数据准备**（data preparation）：数据科学家将数据转换为适合应用机器学习算法的格式。
- **数据预处理**（data preprocessing）：清洗已准备的数据并对其进行转换，以便机器学习算法可以正确地使用所有的数据。
- **建模**（modeling）：数据科学家训练机器学习模型。
- **测试**（testing）：利用一组测度模型性能的指标评价模型。

上述过程重复多次，直到获得足够好的结果。这个生命周期可用来训练多种机器学习模型，这将在下一步进行探讨。

3.4.2　线性模型

最基本的机器学习模型是线性模型。在前面的章节中，已经给出了线性模型的一个具体例子。线性模型的预测可以通过模型的系数进行解释。系数数值越大，对最终的预测贡献越大。线性模型虽然简单，但往往并不是最精确的。线性模型构建快，计算效率高，这使得其在数据量大但计算资源有限的情况下很有用。

线性模型快速、有效、简单且可解释，能够解决分类和回归问题。

3.4.3　分类与回归树

分类与回归树（classification and regression tree，CART）采用很直观的方式进行预测。CART 根据训练数据构建决策树。如果利用 CART 完成信贷违约风险预测任务，可以得到如图 3.9 所示模型。

要进行预测，算法从树顶开始，并根据数据值不断做出决策。对于二元分类问题，在树底处，可以得到相似顾客的正例比率。

虽然简单，但 CART 模型存在两个不足：

- 预测准确率低。
- 基于单个数据集可以构建很多可能的树。某一棵树的预测准确率可能比其他树的要好得多。

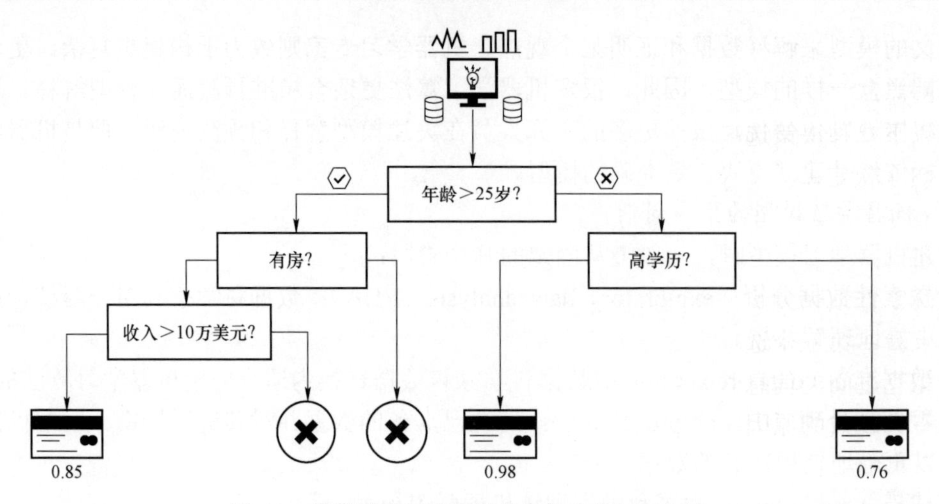

图 3.9　信贷违约风险预测任务的分类与回归树

CART 如何选择数据的列和值，进行分离呢？这里探讨 CART 用于二元分类问题的一般逻辑过程：

（1）取某数据列，并根据该列的每个值将数据分为两个部分。

（2）对分离的每个部分计算正例的比率。

（3）对数据集的每一列重复执行步骤 1 和步骤 2。

（4）将各种分离方案按其数据集分离的好坏程度进行排序。如果某种分离方案完美地分离了数据集，那么低于某个阈值的所有值都是正例，而其他的都是负例。例如，如果“年龄＞25”是一个完美的分离方案，那么所有小于 25 岁的顾客都具有信贷违约风险，而大于 25 岁的所有顾客则有良好的信贷记录。

（5）根据步骤 4，选择最佳分离方案作为当前树层。按照分离值将数据集分成两个部分。

（6）对每个新的数据集重复步骤 1～步骤 5。

（7）在算法满足停止条件之前，该过程继续。例如，可以通过设置决策树的深度或下一次分离所需的数据点的最小数来停止决策树的构建。

CART 也可用于解决回归问题，尽管算法会稍微复杂一些。CART 算法简单、可解释，但是它生成的模型非常脆弱，在实际中很少得到应用。但是，该算法的特性和实施手段可以将其劣势转化为优势。下一节将介绍如何利用这些特性。

3.4.4　集成模型

3.4.4.1　集成模型简介

假设有人开设了一家特许经营零售店。由于业务不断扩大，还要增加一家新门店。问题是，新门店建在哪里？选址非常重要，因为这是关系长久的事情，而且决定了进店消费的区域顾客群。

有以下几种决策选项：

- 自主决定。
- 征求最有经验的员工的意见。
- 征求大量不太有经验的员工的意见。

前两个选项只涉及一到两人便可以完成决策，第三个选项则需综合多位专家的意见。从统计学上看，第三个选项更容易做出好的决策。即便是世界级的专家也会犯错。多位专业人员通过相互之间的信息共享，更可能做出正确的决定。这就是生活在大社区且在大单位工作往往会有大成效的原因。

在机器学习领域，这个法则也成立。很多模型可以以集成的方式做出一项决策。集成模型会得到比单个模型（包括最先进的模型）更准确的结果。但是要谨慎，创建一个集成模型首先需要构建很多模型。模型数量多，会大大增加计算资源需求，这就需要在预测准确率和速度之间进行权衡。

3.4.4.2　基于树的集成模型

决策树是一个特别有用的可集成的模型。有一个完整的机器学习模型类致力于生成不同的集成树。这类模型在结构化数据竞赛 Kaggle（一个数据建模和数据分析竞赛平台）中屡屡获胜，因此了解其工作原理非常重要。

树是建立集成模型的好方式，因为其方差很大。由于树构建算法存在随机性，即使是同一个数据集，产生的决策树也会与前一次产生的决策树不相同。每构建一棵决策树，就会得到一些不同的结果。因此，每棵树都会产生不同的误差。看图 3.10（即回顾图 2.3）。

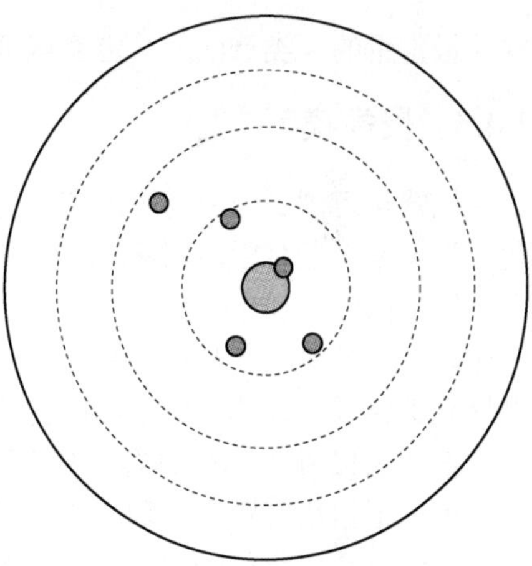

事实证明，决策树的偏差非常小而方差大。设想很多不同的树对每个个体都给出了成百上千的预测，这样就形成了集成效应。将所有预测进行平均化，结果会怎样？结果会更接近真实的答案。用于集成的决策树可以处理要求高预测准确率的复杂数据集。

图 3.10　模型误差：方差

图 3.11 展示了多棵树如何构建一个集成模型。

如果处理的是结构化数据，那么在进入机器学习（包括深度学习的其他领域）之前，最好先尝试一下决策树的集成。十有八九，其结果会令人满意。大众媒体往往对这个算法的价值视而不见，对集成模型少有赞誉。但是，集成模型可以说是解决实际应用中的机器学习问

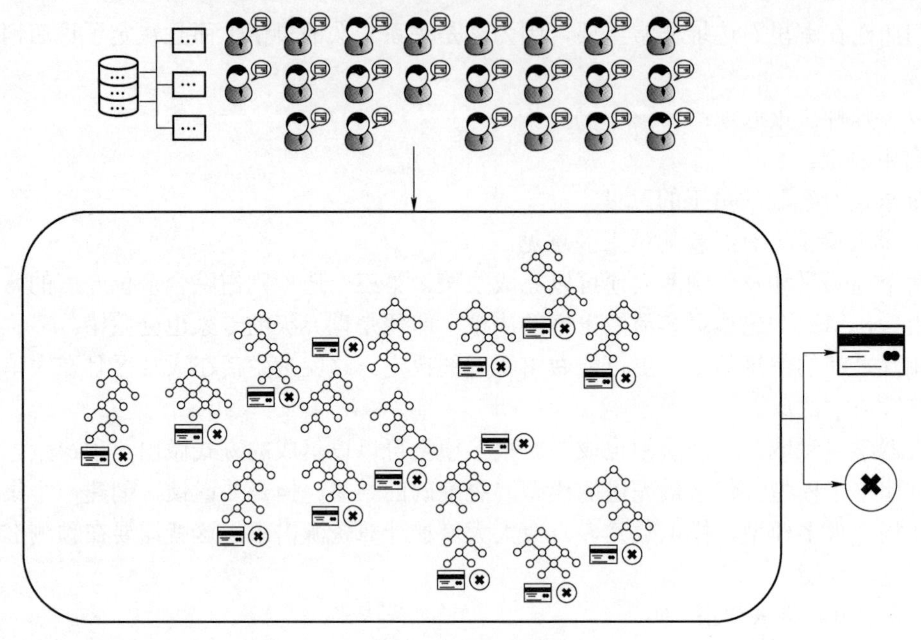

图 3.11　决策树集成

题的最常用的一类算法。一定要试试决策树集成方法。

3.4.5　聚类模型

机器学习的另一个有用的应用是聚类（clustering）。相对于本节讨论过的其他机器学习问题，聚类是无监督学习问题。这意味着聚类算法可以处理无标记数据。为了说明这一点，考虑营销部门的一项中心任务——顾客（市场）细分。给每位顾客提供营销服务是不太可能的。例如，假设拥有一个大型零售店网络，要根据顾客的兴趣在零售店开展不同的折扣优惠活动，以提高销售额。为此，营销部门会建立顾客群，为每个特定顾客群量身定制营销策略。

在图 3.12 中，六位顾客被分为两个不同的群。

可以根据所有顾客的购物历史记录，应用聚类算法将相似顾客分组，从而实现自动顾客分群。该算法将每位顾客分入一个顾客群，从而对顾客群进行进一步分析。通过挖掘每个顾客群的内部数据，可以发现一些有趣的模式，这些模式可以为针对特定顾客群定制新的营销方案提供有益的见解。

聚类算法用于数据处理的方式比较特别，因为它们不需要预先对数据进行标记。但是，使用起来情况可能比较复杂，因为很多算法都受困于维数灾难，无法处理数据中的许多列。

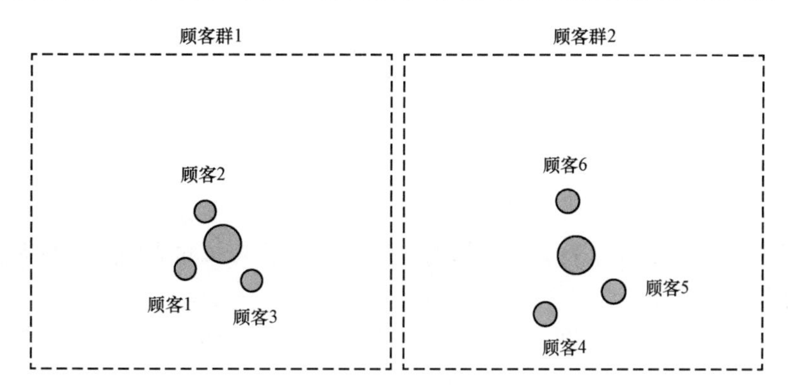

图 3.12　顾客分群

最常用的聚类算法是 k 均值法。该算法最简单的版本只有一个参数：从数据中能找出的簇（类）数。k 均值法从几何的角度进行聚类。设想每行数据为空间中的一点。这对于有两个或三个点的数据集而言过于简单，关键在于它对于三维以上的问题也能应付自如。在几何空间中布局数据集后，可以看到一些点彼此会更接近。利用 k 均值法可以查找其他点聚集的中心点。

k 均值法以迭代方式执行以下操作：

（1）确定当前的簇心（第一次迭代时随机取点）。

（2）遍历所有数据行，将它们分派给最近簇的中心点。

（3）对步骤（2）中得到的所有点的位置进行平均求值，从而更新簇心。

k 均值算法过程如图 3.13 所示。

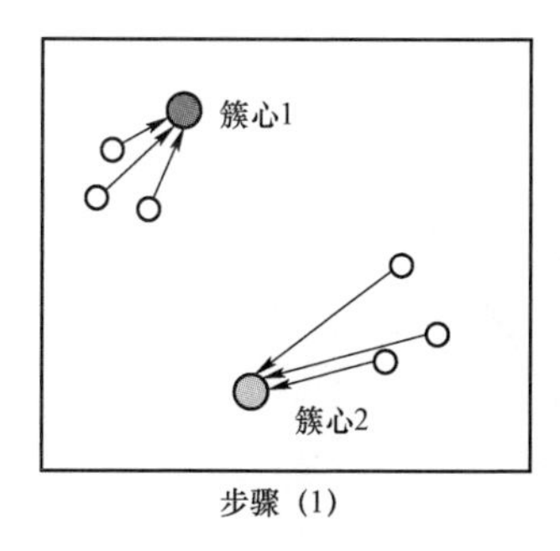

步骤（1）

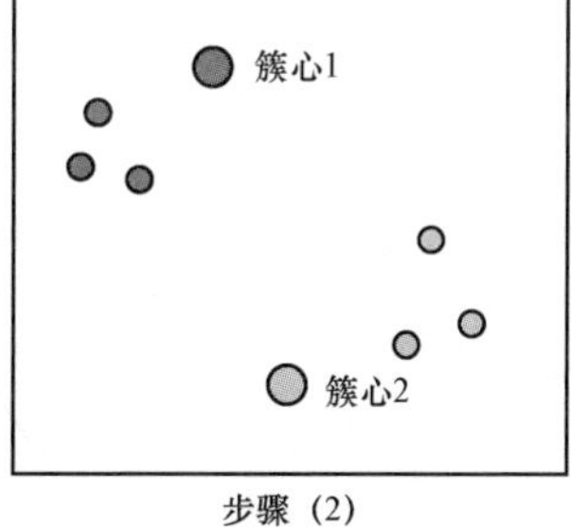

步骤（2）

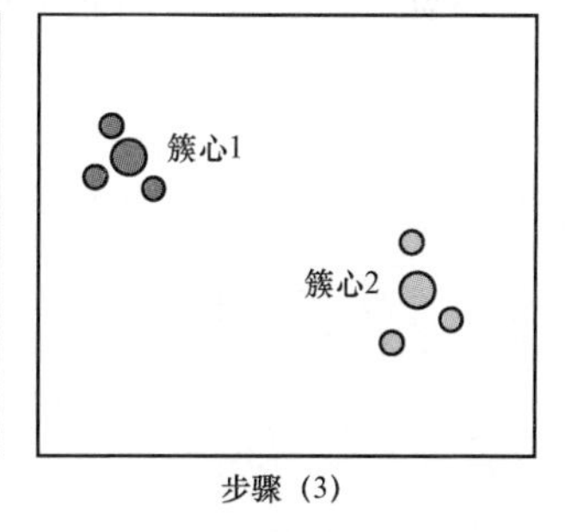

步骤（3）

图 3.13　k 均值算法过程

至此，可以结束机器学习的介绍。虽然还有更多的机器学习算法需要学习，但对它们的详细描述超出了本书的范围。相信读者已经清楚，有关回归、决策树、集成模型以及聚类等的知识已经覆盖了相当大范围的实际应用，并能提供良好的服务。下面准备进入深度学习的话题。

3.5 探究深度学习

深度神经网络在图像分类和玩围棋游戏 Go 等方面胜过人类，这是一个极其复杂的模型，其内部结构有如人类的大脑结构。其实，神经网络背后的中心思想还是很容易把握的。虽然最早的神经网络的确是在仿照人类大脑的物理结构，但后来却并非如此，与人脑内部物理过程的关系更是八竿子打不着。

为了深入浅出地介绍神经网络，可以先考虑基本的组成单元——人工神经元（artificial neuron）。人工神经元其实就是两个数学函数。第一个函数取一组数字作为输入，利用函数内部状态——权重将这些数字组合起来。第二个函数，称为激活函数（activation function），它对第一个函数的输出进行某些特定的转换。激活函数指明某个神经元对特定输入组合的活跃程度。图 3.14 展示了一个人工神经元是如何将输入转换成输出的。

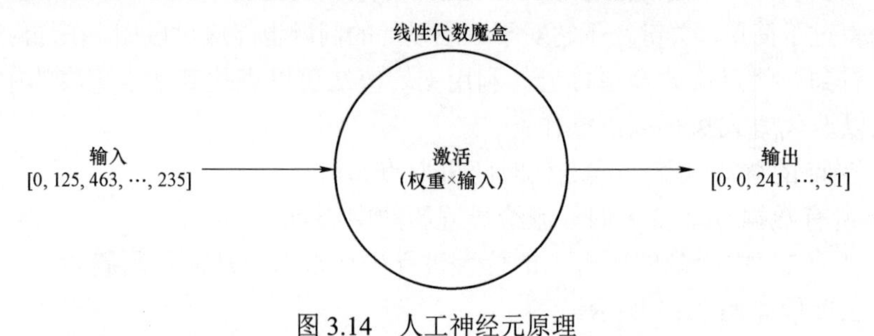

图 3.14　人工神经元原理

图 3.15 给出了一个常用激活函数的曲线图。

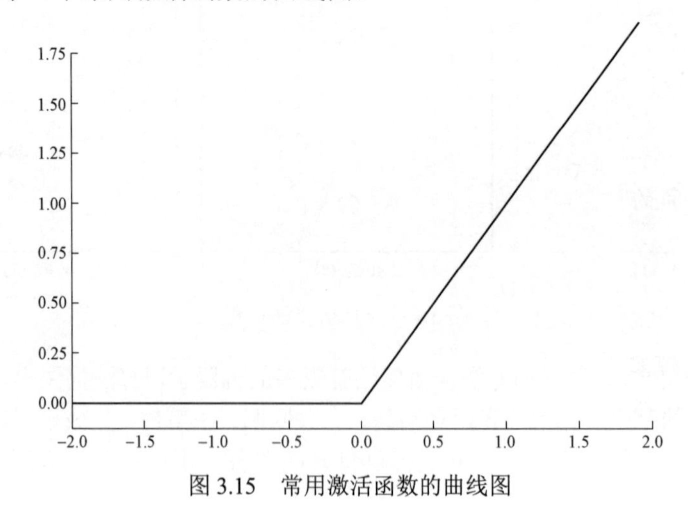

图 3.15　常用激活函数的曲线图

如果输入小于 0，那么函数将输出 0。如果输入大于 0，则输出其输入值。就这么简单！那就给这个函数起个名吧。但是，命名不易。函数名称应该简单，但必须承载对所命名函数的核心概念的深刻见解。幸好，数学家们深悟其道，如人们所愿，对该函数起了一个明确易懂的名字——**线性整流函数**（rectified linear unit，ReLU，又称修正线性单元）。有意思的是，ReLU 并不遵从激活函数的基本要求，但仍然比其他函数提供更好的结果。在特定情况下，其他激活函数可能表现优良，但是都无法撼动 ReLU 作为明智选项的地位。

另一个需要了解的重要激活函数是 sigmoid。图 3.16 是该激活函数的曲线图。

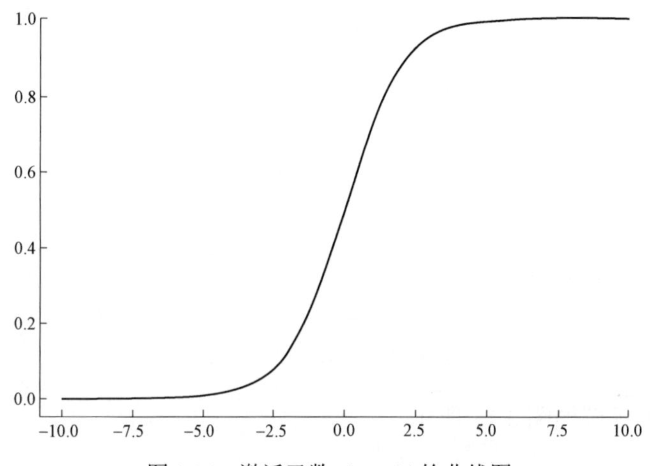

图 3.16　激活函数 sigmoid 的曲线图

在 ReLU 登上霸主位置之前，sigmoid 是广受欢迎的激活函数。虽然该函数作为激活函数的作用已有所削弱，但出于另一个原因，它仍然是一个重要的函数。该函数常常用于处理二元分类问题。仔细看图 3.16 就会发现，该函数将任意数字映射为 0 到 1 之间的值。这个性质使得 sigmoid 在建模二元分类问题时非常有用。

注意，将 sigmoid 用于二元分类问题，不是因为它简单地将任意数字映射为 0 到 1 之间的值。这个有用的性质背后的理由是 sigmoid，也称逻辑函数（logistic function），与伯努利概率分布密切相关。伯努利分布描述了发生概率 p 在 0 到 1 之间的事件。例如，伯努利分布可以描述概率 $p=0.5$ 或 $p=50\%$ 的抛掷硬币事件。可见，任何二元分类问题都可以很自然地用伯努利分布来描述。试看下面的问题：*顾客点击广告的概率有多大？身负债务的顾客提出违约的概率有多大？*这些问题都可以使用伯努利分布来建模。

由上可知，人工神经元的主要组成部分包括权重和激活函数。要让神经元发挥作用，需要取其输入并与神经元权重相结合。为此，有必要再次提及线性回归。线性回归模型通过将每个属性乘以一个权重，然后求和来完成数据属性的组合。然后，应用一个激活函数，就可以得到一个人工神经元。如果数据行有两列：a 和 b，那么神经元将拥有两项权重：w_1 和 w_2。激活函数为 ReLU 的神经元表达式如下：

$$\text{神经元输出} = \text{ReLU}\,(w_0 + w_1 a + w_2 b)$$

注意，w_0 是一项特殊权重，称为偏差，与任何输入无关。

因此，人工神经元其实就是一组乘法运算和加法运算，如图 3.17 所示。

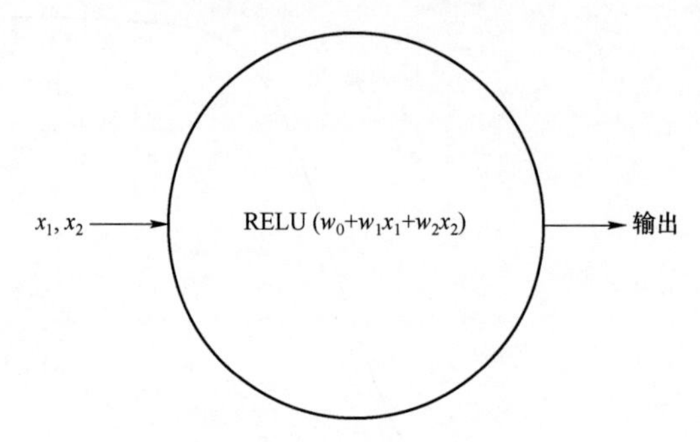

图 3.17 人工神经元表达

实际计算的具体示例如图 3.18 所示。

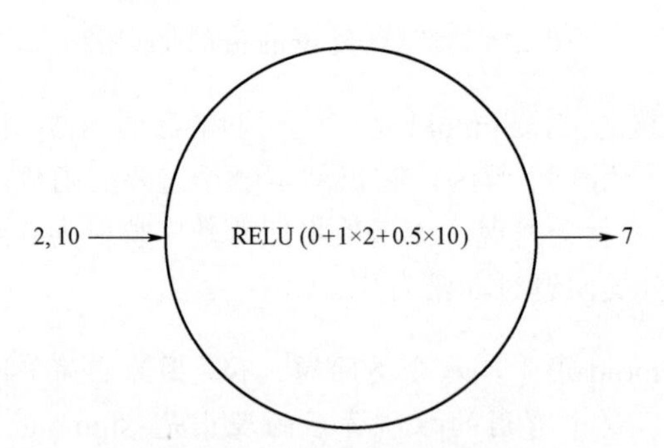

图 3.18 人工神经元表达示例

用常数乘以每一项并对其结果进行求和，从而实现数字组合的操作在机器学习和统计学领域司空见惯。这种操作被称为两个向量的线性组合。一个向量可以看作一组数字的固定集合。在以上示例中，第一个向量是一个数据行，第二个向量则包含每个数据属性的权重。

3.5.1　建立神经网络

现在准备建立第一个神经网络。从一个例子开始：某公司致力于维持顾客黏性。公司对顾客了解得很深入，可以创造机会留住他们。问题是，公司无法确认哪些顾客会流失。因此，公司老板简（Jane）要求建立一个顾客流失预测模型。该模型将利用顾客数据预测下月顾客流失的概率。有了这样的概率预测，简就能决定是否需要给可能流失的客户提供量身定制的营销方案。

现在决定用神经网络来解决这个顾客流失预测问题。该神经网络包含多层神经元。每一层的神经元与下一层的神经元相连，如图 3.18 所示。

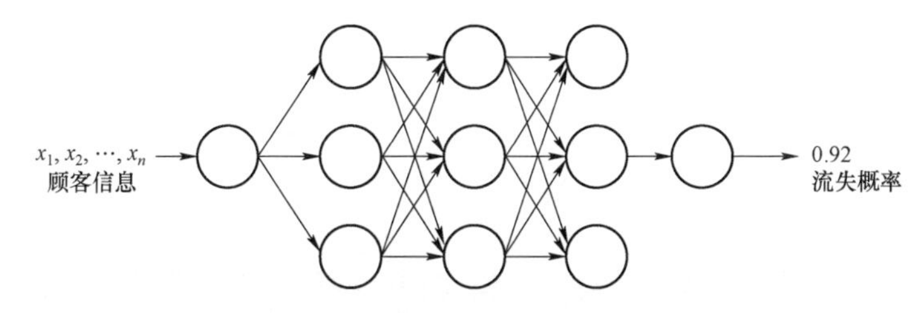

图 3.19　顾客流失预测神经网络

图 3.19 中箭头不少吧？两个神经元之间的连接意味着一个神经元将其输出传给下一个神经元。如果一个神经元接收多个输入，这些输入将会被全部求和。这种网络称为**全连接神经网络**（fully connected neural network，FCNN）。

利用神经网络可以进行预测，但是如何知道能够做出怎样的预测呢？仔细观察可知，神经网络也就是一个拥有很多权重的大型函数。模型预测取决于权重以及神经元输入信息。因此，为了得到一个准确的神经网络，必须设定正确的权重。前面已经提到，可以利用数学优化和统计方法，通过调整函数的参数来尽可能减小预测的误差。神经网络不过是一个具有可变权重的大型复杂数学函数。因此，可以利用最大似然估计和梯度下降法完成优化。神经网络预测过程如图 3.20 所示。此处，将以粗体形式给出神经网络预测的每个阶段的正式名称，同时也会给出每个阶段的直观解释：

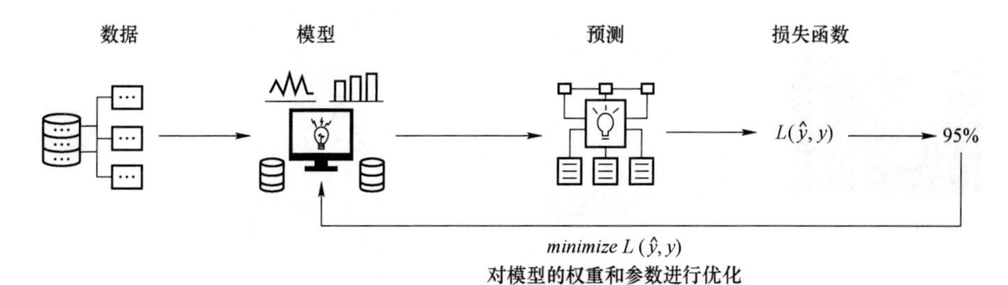

图 3.20　神经网络预测过程

（1）**神经网络初始化**（network initialization）：首先，用随机值初始化权重。

（2）**前推计算**（forward pass）：从训练集抽取一个示例，利用当前权重集进行预测。

（3）**损失函数计算**（loss function calculation）：将预测结果与真值进行对比，测度差值。尽量使差值接近于 0，也就是使损失函数最小化。

（4）**后推计算**（backward pass）：可以用优化算法来调整权重，使预测更为准确。一个称为反向传播（backpropagation）的特定算法可以从最后一层向第一层对每层神经元进行更新计算。

（5）重复步骤（1）～步骤（4），直至得到合理的准确度，或者直到网络停止学习。

反向传播是训练神经网络的应用最广泛的学习算法。该算法针对预测误差计算网络中各个权重的调整值，以便做出更接近真实结果的预测。称之为反向传播，是因为算法更新权重的特定方式：从最后一层开始，将变更传播给每个神经元，直至到达网络输入端（层）。通过输入遍历网络来计算输出预测，这个过程称为前推计算。而通过传播误差来更新权重，这个过程则称为反推计算。

目前，有很多种不同的组成单元可用于构建神经网络。有些特定的神经元类型适合处理图像数据，而另一些神经元类型则可以处理文本序列。也有很多种专门的神经元层被提出，以改善训练速度和应对过拟合。针对特定任务的神经网络中的具体层组合称为神经网络架构。无论多么复杂和层次有多深，所有神经网络架构都遵从反向传播的基本原理。下面将探讨深度学习的特定领域应用。

3.5.2 计算机视觉应用

第一个应用领域是计算机视觉。先从一个示例开始。客户乔（Joe）喜欢动物，他养了六只猫和三只狗。作为宠物爱好者，乔还喜欢拍摄宠物照片。日积月累，他的计算机里已经存储了大量的照片。终于，乔决定要好好整理一下杂乱的照片文件夹，毕竟宠物照片数量已超过 50 000 张。为了帮助乔完成这个任务，需要建立一个神经网络，该网络可以获取图像，并判定照片里的是猫还是狗。图 3.21 展示了神经网络分类器如何处理一张猫的照片。

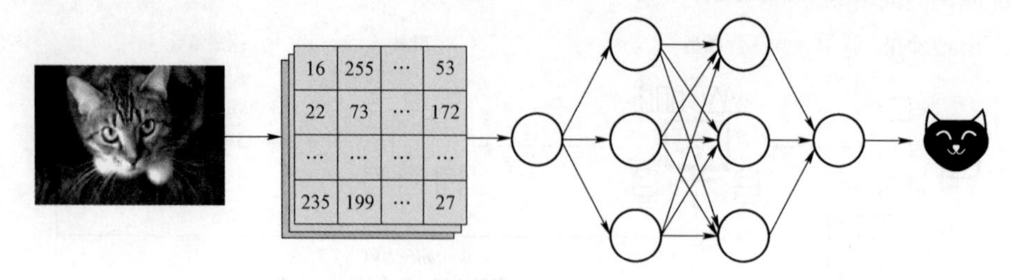

图 3.21 神经网络分类器处理猫的照片

首先，将图像转换为三个数字表，各自负责像素的红、绿、蓝通道。如果采用前面介绍的普通的全连接神经网络处理的话，效果会很一般。深度神经网络在计算机视觉领域大放异彩，就是因为深度神经网络采用了一种特殊的神经元，称为卷积过滤器（convolutional filter）或卷积（convolution）。**卷积神经网络**（convolutional neural networks，CNN）是由法国机器学习研究人员 Yann LeCun 发明的。卷积神经网络里的每一个神经元盯着图像的一个小区域，如 16×16 像素，而不是输入的整个像素集。这种神经元可以遍历图像的每个 16×16 区域，通过反向传播检测它所学过的图像的某些特征。因此，这种神经元可以将信息传递给更多层。图 3.22 展示了一个卷积神经元正遍历小图像块并试图检测毛色纹理。

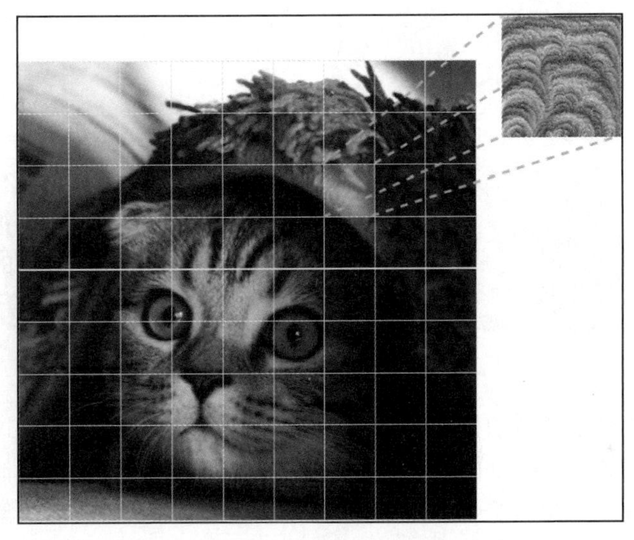

图 3.22　遍历小图像块的卷积神经元

卷积神经网络的显著成果是，单个神经元只需重用一部分权重，便可覆盖整个图像。这一特点使得卷积神经网络比常规的神经网络运行更快、复杂度更低。这个想法直到 2010 年代才得以实现，当时卷积神经网络在 ImageNet 竞赛中从众多的计算机视觉算法中脱颖而出，力拔头筹。ImageNet 竞赛要求所有算法必须学会对多达 21 000 种的图像进行分类。卷积神经网络的发展之所以如此漫长，是因为原来缺乏训练在大数据集上训练具有海量参数的深度神经网络的计算能力。为了获得良好的准确率，卷积神经网络需要大量的数据。例如，ImageNet 竞赛提供了 1 200 000 张训练图像。

在第一层，卷积神经网络试图检测出简单纹理，如图像的边缘和轮廓。随着层深度的增加，卷积过滤器越加复杂，可以检测出眼、鼻等特征。

图 3.23 展示了神经网络不同层的卷积过滤器的处理结果。

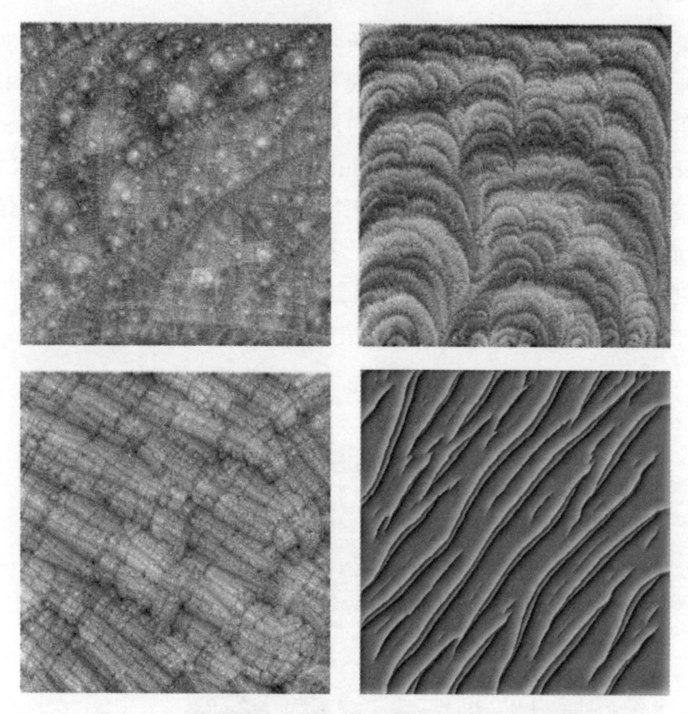

图 3.23　神经网络不同层的卷积过滤器的处理结果

众多的神经元都可以学习识别计算机视觉任务所需要的简单模式。这就引发了一个重要的思考：为了某个任务而训练好的神经网络也可以重新被训练以完成其他任务。而且，不需要为后续的任务准备更多的训练数据，因为神经网络已经从以前的训练集中学习到了很多有用的特征。特别是，如果从头开始为两个类训练一个卷积神经网络分类器，则需要标记成千上万的图像才能获得良好的性能。但是，如果利用已经在 ImageNet 竞赛中预先训练好的神经网络的话，可能只需 1000～2000 张图像就可以获得良好的结果。这种方法称为迁移学习（transfer learning）。迁移学习的应用并不局限于计算机视觉任务。近年来，研究人员在迁移学习的应用方面取得了重大进展，包括自然语言处理、强化学习和语音处理等。

在理解了深度卷积神经网络之后，下面继续进入语言理解领域。在该领域，深度学习已经改变了一切。

3.5.3　自然语言处理应用

深度学习出现之前，**自然语言处理**（natural language processing，NLP）系统几乎全是基于规则的。语言学家发明了一套复杂的语法分析规则，试图定义语言的语法，以实现词性标注（part of speech tagging）或命名实体识别（named entity recognition）等任务的自动化。不同语言之间的人类水平的翻译和自由式问答都只限于科幻小说里。自然语言处理系统很难维护，开发周期也很长。

与计算机视觉应用领域一样，深度学习的暴风骤雨席卷了自然语言处理应用领域。基于深度学习的自然语言处理算法成功地实现了接近人类水平的不同语言间的翻译，它可以测度文本中的情绪，可以学习从文本中检索信息，可以回答自由式问题。深度学习的另一个好处是方法的统一。单个的词性标注模型框架适用于法语、英语、俄语、德语以及其他语言。所有这些语言的训练数据必不可少，且需要各自准备，但是基础模型是相同的。有了深度学习手段，就不需要硬生生地提炼人类模糊语言的一套套规则。虽然还有一些任务，如长篇文本写作和人类水平的对话，尚无法用深度学习来解决，但是自然语言处理算法在工作和日常生活中已经提供了很大的帮助。

对于自然语言处理领域的深度学习，一切始于一个想法：一个单词的含义由相邻词决定。也就是说，学习一门语言和词的含义，其实需要的是理解每个词在文本中的上下文。这个想法看上去似乎太简单了，不可能是真的。为了证实这个想法，可以创建一个神经网络，通过接收相邻词作为输入，预测一个新词的含义。可以利用任何语言的任意文本来准备训练集。

如果选取两个词的上下文窗口，就可以生成这个句子（“If we take a context window of two words，then we can generate the following training samples for this sentence”）的训练样本，如下：

If，we，take，a → will

We，can，following，training → generate

Following，training，for，this → samples

等…。

接着，需要想办法将所有这些词转换为数字，因为神经网络只理解数字。一种方法是取出文本中所有的单个词，为它们分别赋予一个数字。

Following → 0

Training → 1

Samples → 2

For → 3

This → 0

…

如此一来，就可以用神经网络的一组权重表示每个单词。特别是，首先为每个词设定两个介于 0 和 1 之间的随机数。将所有数字列入表 3.8 中。

表 3.8 词向量

词的识别号	词向量
0	0.63，0.26
1	0.52，0.51
2	0.72，0.16
3	0.28，0.93
4	0.27，0.71
…	…
N	0.37，0.34

现在，文本中的每个词已经转换成了数字对。然后，将已生成的所有数字作为神经网络的权重。取四个词作为神经网络的输入，并将其转换成八个数字，然后利用这些数字预测处于中间位置的词的识别号。

例如，对于训练样本“**Following，training，for，this → samples**”：

输入：

Following→ 0 → 0.63，0.26

Training→ 1 → 0.52，0.51

For→ 3 → 0.28，0.93

This→ 4 → 0.27，0.71

输出：

2 → Samples

与词关联的每个数字对被称为词向量。神经网络会输出一个值在 0 到 1 之间的概率向量。概率向量的长度与数据集中独立词的总数一致。具有最大概率的数字将表示符合模型的最有可能完成输入的那个词。

这时，可以应用反向传播算法来调整词向量，直至模型将正确的词与其上下文匹配。在以上示例中，假设每个词都在坐标网格中。词向量的元素可以代表 X 和 Y 坐标。如果采用这种几何方式考虑词的话，那么可以得到一个结论，即可以通过增减词向量来得到新的词向量。在现实世界中，这样的词向量并非只有两个元素，而可能拥有 100～300 个元素，但是这一结论是不会变的。经过多次训练迭代，就可以看到显著的结果。

尝试用词向量计算下式：

国王（King）– 男人（Man）+ 女人（Woman）= ?

结果是词“女王（Queen）”的向量。学会将词置于词的上下文中，模型就能把握不同的词是如何相互关联的。

上面建成的模型称为 Word2Vec。训练 Word2Vec 有以下两种方法：

- 利用上下文预测一个词。这种方法称为**连续词袋**（continuous bag of words，CBOW）。
- 利用词来预测上下文。这种方法称为 **Skipgram**。

除了模型输入和输出规格之外，这两种方法基本相同。

词向量也称词嵌入（word embedding）。嵌入比简单的数字标识包含更复杂的关于词的信息，自然语言处理模型可以利用其提高准确率。例如，训练情绪分类模型包括以下步骤：

（1）创建一个包含用户评论和用户情绪的数据集，将 0 标记为负面情绪，将 1 标记为正面情绪。

（2）将用户评论嵌入词向量集合。

（3）利用这个数据集训练深度学习分类器。

> 当前流行的模型很少采用通过训练单独模型而产生的词嵌入。更新的体系架构允许快速学习特定任务的词嵌入，而不必采用 Word2Vec。然而，本章之所以介绍词嵌入，是因为这个方法说明了计算机是如何理解文本的含义的。虽然当今模型更为复杂健壮，但其基本思想保持不变。
> 嵌入的概念源于自然语言处理，但它如今在推荐系统、人脸识别、具有大量类别数据的分类问题以及其他很多领域得到了广泛应用。

要训练采用词嵌入的分类器，可以利用卷积神经网络。在卷积神经网络中，每个神经元不断地扫描词窗口中的输入文本。卷积神经元通过将邻近词的词向量组合为更紧凑的表达来学习权重，而这些紧凑表达被输出层用于估计语句的情绪。

图 3.24 展示了一个卷积神经元处理单句的过程。

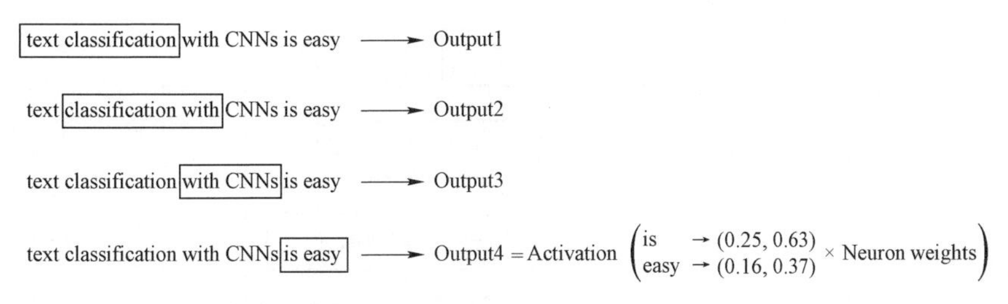

图 3.24　卷积神经元处理单句的过程

卷积神经网络用一个过于简单化的固定窗口处理文本。实际上，句首的词会影响句尾，反之亦然。另一个称作**循环神经网络**（recurrent neural networks，RNN）的机器学习架构可以处理任意长度的句子序列，将信息从始传到终。其能实现的原因是所有循环神经元是相互连接的，如图 3.25 所示。

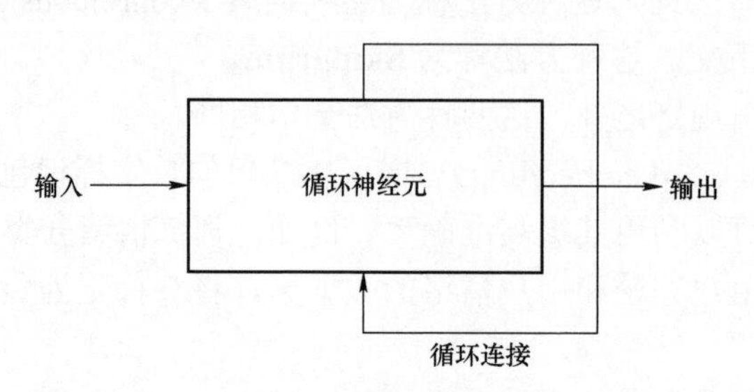

图 3.25 循环神经网络

自连接使得神经元通过其输入构建循环，并在每次迭代中牵引出其内部状态。

图 3.26 展示了一个单一的循环神经元的展开过程。对于每个新词，循环神经元会改变自己的前序状态。当处理到最后一个词时，循环神经元将其内部状态返回作为输出。这是最基本的循环神经网络架构。实际使用的神经网络具有更复杂的内部结构，但循环连接的思想仍然成立。一提到循环网络，就会涉及**长短期记忆网络**（long short-term memory networks，LSTMN）。虽然细节不同，但循环神经网络和长短期记忆网络的思路是相同的。

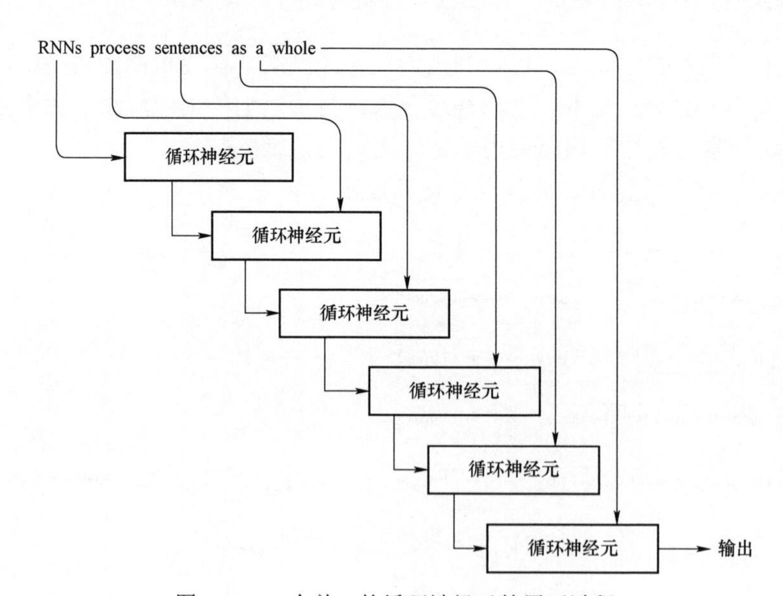

图 3.26 一个单一的循环神经元的展开过程

3.6　本章小结

本章介绍了机器学习和深度学习的内在机制，以及数学优化和统计学的主要概念。通过将数学优化、统计学与机器学习相结合，可使读者了解机器学习的原理以及如何使用优化算法来定义学习。最后，本章介绍了流行的机器学习和深度学习算法，包括线性回归、基于树的集成模型、卷积神经网络、词嵌入以及循环神经网络。本章对数据科学做了总结。

第 4 章将介绍如何组建和维持能够交付复杂跨专业项目的数据科学团队。

第二部分　项目团队的组建与维持

数据科学对大多数组织而言是创新。但是，任何创新都需要深入细致的思考。并非所有想法都是好的，也并非所有想法都具备实现所需的资源条件。第二部分梳理最好的想法，并将其落实为最小的有价值的产品。另一个重要的考虑是，如何成功地将新想法传递给所有的相关方，使他们受益。

现代数据分析算法知识与业务领域专业知识的融合是每个项目的必经阶段。第二部分总括运用科学手段开展业务的重要性。这有助于回答下列问题：如何为业务找到有效的数据科学应用？业务指标和技术指标是什么？应该如何定义？如何设定与业务一致的项目目标？

第二部分包括以下3章：

- 第4章　理想的数据科学团队。
- 第5章　数据科学团队招聘面试。
- 第6章　组建数据科学团队。

第 4 章　理想的数据科学团队

对本书有兴趣的读者想必对团队协作的重要性早已深有体会。比起单打独斗，团队协作可以更高效地完成复杂项目。当然，一个人也可以独自建成房子，但是与其他人协作，房子会建得更快，结果会更好。

与团队协作时，每个人都可以集中精力专心致志地完成几个密切相关的工作。为了更好地发挥团队成员各自的专业特长和优势，这里以建房子为例进行说明。建造房顶需要一套专业技能，电力线路安装也需要不同的专业技能。管理人员需要对所有专业都有所了解，以便明确完成任务所需要的所有要件。本书第一部分介绍了数据科学的一些核心概念。这些知识有助于梳理数据科学团队的角色和专长。本章将定义、探讨、理解不同团队的角色、每个角色的关键技能以及职责。同时，第 4 章还将介绍两个案例研究。

第 4 章包括以下主题：

- 定义数据科学团队的角色。
- 探讨数据团队角色及其职责。

4.1　数据科学团队的角色

数据科学团队需要交付复杂的项目，其中系统分析、软件工程、数据工程以及数据科学用于产生最终解决方案。本节将剖析数据科学团队的主要角色。项目角色规定了可由专家完成的一组相关活动。角色—专家并不严格局限于一对一的关系，很多专家具有同时发挥多重角色的专业知识和能力。

一般的数据科学团队将包括一名业务分析员、一名系统分析员、一名数据科学家、一名数据工程师和一名数据科学团队经理。更复杂的项目团队则需要增加软件架构师和前台/后台开发团队。

每个团队角色的核心职责是：

- **项目相关方**（project stakeholder）：对项目有兴趣的人。换句话说，就是客户。他们为项目提出高级需求和目标并确定其优先度。
- **项目用户**（project user）：采用项目解决方案的人。他们应该参与项目的需求明细化过程，对系统可用性提出切实可行的观点。

分析团队的核心职责如下：

- **业务分析员**（business analyst）：团队的主要业务专家。他们帮助梳理业务需求，并帮助数据科学家理解问题域的细节。他们用**业务需求文档**（business requirements document，BRD）或场景定义业务需求，在敏捷团队中也可能充当产品负责人。
- **系统分析员**（system analyst）：他们定义、梳理和维护软件及集成需求。他们创建**软件需求文档**（software requirements document，SRD）。在简单的项目或**概念验证**（proof of concepts，PoC）项目中，该角色可以由其他项目成员承担。
- **数据分析员**（data analysts）：数据科学项目中的分析往往需要建立复杂的数据库查询和数据可视化功能。数据分析员可以通过建立数据集市（datamart）和交互式仪表盘（interactive dashboard）支持其他团队成员，并从数据中获得见解。

数据团队的核心职责如下：

- **数据科学家**（data scientist）：他们创建模型，进行统计分析，并处理与数据科学相关的其他任务。对于大多数项目，选择和应用现有算法就已足够。擅长应用现有算法解决实际问题的专家被称为**机器学习或深度学习工程师**（machine or deep learning engineer，MoDLE）。但是，有些项目可能需要研究和建立新的模型。对于这些任务，机器学习或深度学习研发人员是不可或缺的。对具有计算机科学背景的读者，这里粗略地将机器学习工程师与研发人员的区别等同于软件工程师与计算机科学家的区别。
- **数据工程师**（data engineer）：他们负责所有的数据准备和数据处理工作。对于简单项目，具有工程实践能力的数据科学家可以担负这个职责。但是，不要低估数据工程师在对数据处理要求严格的项目中的作用。大数据技术栈的建立和大规模使用非常复杂，没有比数据工程师更能胜任这一任务的人。
- **数据科学团队经理**（data science team manager）：他们协调数据团队的所有事务，规划活动进度，并把控最终期限。

软件团队的核心职责如下：

- **软件团队**（software team）：他们负责处理开发移动的、基于 Web 的和桌面应用的所有需求。根据任务的复杂程度，软件开发可以由一名开发人员、一个团队或几个团队负责完成。
- **软件架构师**（software architect）：包含多个系统的大型项目可能需要软件架构师来发挥作用。

图 4.1 给出了数据科学团队各角色协同工作的一般流程。

下面介绍图 4.1 所示流程及各步骤的产出：

（1）**业务分析员**通过询问项目相关方和用户，形成业务需求文档。

（2）**系统分析员**根据业务需求，通过询问项目相关方和用户，形成系统（技术）需求文档。

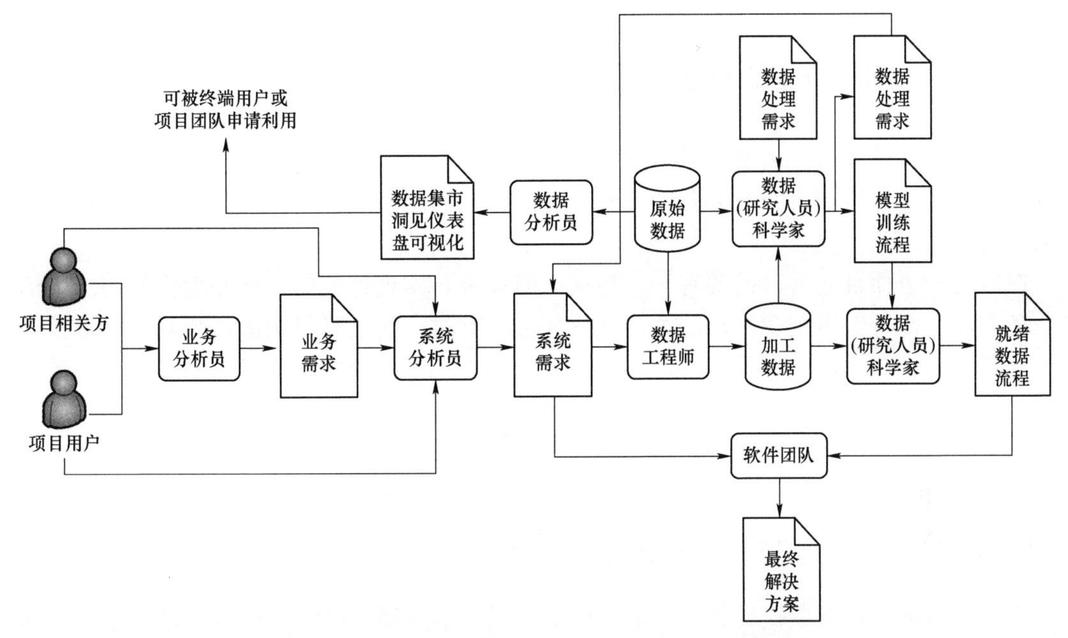

图 4.1　数据科学团队各角色协同工作的一般流程

（3）**数据分析员**为项目团队创建数据集市和数据仪表盘。开发与实施团队的每位成员都可以利用这些数据。如果数据分析员利用商务智能工具的话，便可以直接为终端用户创建数据仪表盘。

（4）**数据科学家（研究人员）**利用文档化的需求和原始数据构建模型训练流程，形成数据处理需求文档，用于准备训练集、验证集和测试集。

（5）**数据工程师**基于步骤（3）建立的原型，构建生产就绪的数据流程。

（6）**数据科学家（工程师）**利用加工过的数据，构建面向训练和预测流程以及所有集成（包括模型应用接口）的生产就绪模型。

（7）**软件团队**利用完整的模型训练和预测流程构建最终解决方案。

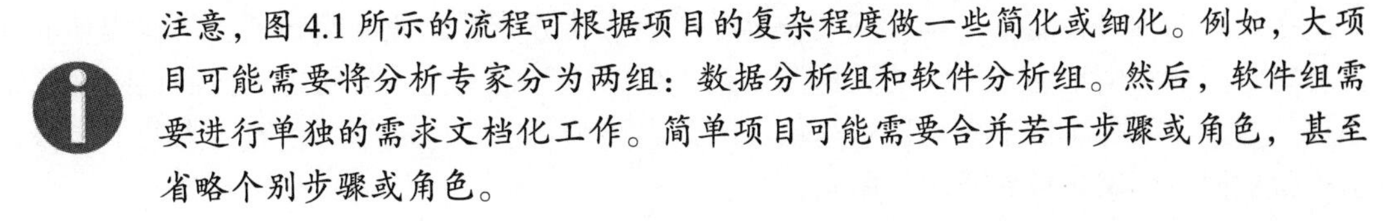
注意，图 4.1 所示的流程可根据项目的复杂程度做一些简化或细化。例如，大项目可能需要将分析专家分为两组：数据分析组和软件分析组。然后，软件组需要进行单独的需求文档化工作。简单项目可能需要合并若干步骤或角色，甚至省略个别步骤或角色。

下一节将介绍如何组建团队，并根据项目的复杂程度为专家指派项目角色。

4.2 探究数据科学团队的角色及其职责

完成数据科学项目，需要数据科学家。一名专家就可以领导一个项目吗？为了回答这个问题，可将数据科学项目分解为若干阶段和任务，这些阶段和任务在一定程度上是存在于所有项目的。

在启动一个项目之前，需要有一个想法，即让客户实现他们的目标并简化他们的生活。在业务方面，需要改善企业内部的关键业务环节。有时，想法早已明确，那就可以直接开始实施。但是，往往团队本身是业务流程的推动者。因此，理想的专家必须能够为客户带来有价值的数据科学项目思路。

接下来将研究两个项目案例，以了解简单项目如何由小团队甚至一位跨职能专家完成，而大项目则需要更多不同的团队，其团队成员各自承担一个或两个特定角色。

4.2.1 案例 1：应用机器学习防止银行诈骗

为了说明数据科学项目是怎么回事，这里介绍一个案例。玛丽（Mary）是一家银行的数据科学家，该银行的诈骗分析部门对**机器学习**（machine learning，ML）抱有兴趣。玛丽在创建机器学习模型并将其通过应用接口集成到已有系统方面具有丰富的经验。玛丽也曾将其工作成果展示给客户。

诈骗分析部门的主要工作之一是检测和防止信用卡诈骗。他们当前使用的是一个基于规则的诈骗检测系统。该系统通过查阅银行内的所有信用卡交易记录，检查某些交易序列是否具有欺诈嫌疑。每次检查都是预先确定的硬编码。该部门听说机器学习能够带来比传统的基于规则的诈骗检测系统更好的效果。因此，他们请玛丽开发一个诈骗检测模型，作为现有系统的一个插件。玛丽调查了数据集并且询问了现有诈骗检测系统的操作人员。该部门确定他们将提供系统本身的所有必要的数据。他们唯一需要的就是一个可用模型和一个简单的软件集成。银行职员们已熟知常用的分类指标，所以他们被建议采用 k 折交叉验证的 $F1$ 分值。

在这样的项目设定下，项目相关方已经完成了业务分析。他们明确了思路和成功准则。玛丽能够简洁清晰地访问系统的数据源，相关方将任务定义为分类问题。他们也明确了结果测试的方式。软件集成需求也比较简单。因此，该项目的角色流程可以简化为若干步骤，都由一位数据科学家角色完成，如图 4.2 所示。

最后，玛丽设置了以下步骤以完成任务：

（1）创建机器学习模型。

（2）测试模型。

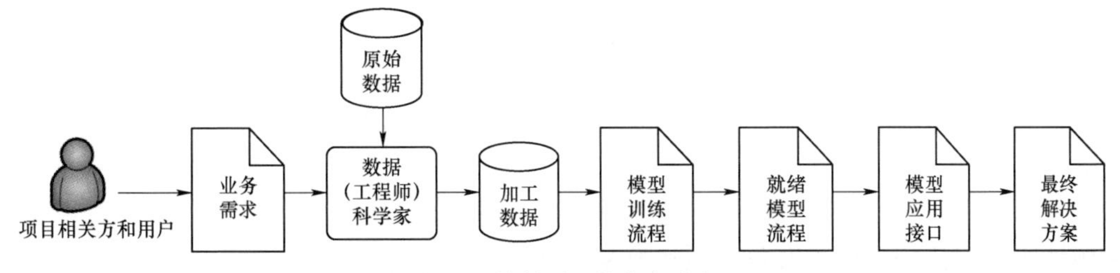

图 4.2　简单项目的角色流程

（3）创建模型训练流程。

（4）创建简单的集成应用接口。

（5）形成文档，与客户交流结果。

该项目看上去比较简单且容易定义。根据上述描述，可以相信，玛丽自己就能够完成，不需要什么监督。

4.2.2　案例 2：机器学习在零售公司的应用

再看一个案例。乔纳森（Jonathan）所在的零售公司让他出个主意，看看如何应用数据科学和数据分析来改进他们的业务。乔纳森在零售公司已经工作多年，因此他对业务了如指掌。他也阅读了一些书，参加过几次数据科学活动，因此他了解数据科学的实际作用。兼有业务与数据科学知识的乔纳森很清楚数据科学能够改变他的工作环境。在写下几条想法之后，乔纳森要从业务角度对其进行评价。复杂度最低而价值最高的项目将作为实施的候选方案。

该零售公司在全国拥有 10 000 多家商铺，确保所有商铺的服务质量都处于正确水准变得越来越困难。每家店铺都有一定数量的全职员工。但是，每家店铺的访客数量不一。访客数量取决于店铺的地理位置、节假日以及其他很多未知的因素。因此，有的店铺人满为患，而有的店铺门可罗雀。乔纳森的想法是要改变店员雇用策略，以提高客户的满意度，降低员工的负担。

乔纳森建议，与其采用人数固定的店铺团队，不如使其更具弹性。他希望开发一款专用的移动应用程序，使得店铺能够以最快的速度调整雇员名单。通过这款应用，门店经理可以为某位店员分派任务。任务耗时短则一小时，长则为期一年。员工们则可以看到附近店铺的人员空位。如果一位具有必要技能的员工看到感兴趣的任务的话，他就可以接受任务，前往店铺。算法将为门店经理提供任务分派建议，而门店经理则需要签发用人需求并予以发布。该算法将采用多个机器学习模型进行任务推荐。其中一个模型要预测每个店铺的预期客户需求。另一个模型（计算机视觉算法）要测度店铺的客户队列长度。如此一来，每个店铺都拥有适当数量的店员人工，并根据需求调整员工数量。利用新的应用 App，店员可以提早做好假期安排，确定临时替代人员。计算结果表明，该模型将使该公司保持 50 000 名员工，每位员工每周平均工作 40 小时；还有 10 000 名兼职人员，每位兼职人员每周平均工作 15 小时。管理层认为该模型经济可靠，同意在一家店铺进行测试。如果测试成功，他们将推广实施该策略。

接着，管理层要求乔纳森制订一份实施计划。乔纳森需要将项目分解为一系列将系统部署到店铺所需的任务。他所准备的项目分解如下：

（1）搜集整理移动应用程序、预测模型和计算机视觉模型的初始需求。

（2）搜集整理系统的非功能需求和服务水平协议（service level agreement，SLA）。

（3）确定开发、测试和生产所需的硬件资源。

（4）确定训练数据源。

（5）开发从源系统导出数据的数据适配器。

（6）开发软件系统架构，选择技术栈。

（7）创建开发、测试和生产环境。

（8）开发预测模型（机器学习项目全生命周期）。

（9）开发队列长度识别模型（机器学习项目全生命周期）。

（10）开发移动应用程序。

（11）集成移动应用程序和模型。

（12）将系统部署到测试环境，进行端到端的系统测试。

（13）将系统部署到生产环境。

（14）在一个店铺开展系统测试。

该计划中的每一点都可以继续分解出 10～20 项任务。项目的整个任务分解轻轻松松就可以达到 200 项，不过分解到此程度即可，因为就讨论而言这已经足够了。

实际上，计划是不断变化的，所以乔纳森也决定采用软件开发项目管理框架，如迭代增量式敏捷开发（scrum），来管理进度、需求变更和相关方的预期。

现在看看乔纳森需要精通哪些专业领域才能完成此项目。他需要擅长以下领域：

- 零售业务。
- 软件项目管理。
- 需求获取。
- 软硬件架构。
- 数据工程。
- 数据科学。
- 机器学习。
- 深度学习和计算机视觉。

- 移动应用开发。
- 后台软件开发。
- 软件集成。
- 软件测试。
- 开发运营。

乔纳森能够具备所有这些技能且其水平足以开发出一个可用的软件系统吗？相信少数有些人能够做到，但更可能遇到的只是了解若干密切相关领域的专家。特别是，数据工程师可能擅长数据库、数据库管理以及软件集成。很多数据科学家也可能擅长后台软件开发。有些人擅长创建数据可视化仪表盘。按照项目的角色流程，本项目需采用图 4.1 所示的整体框架。

一般的数据科学项目需要以下团队角色：

（1）数据科学家：

- 机器学习或深度学习工程师。
- 机器学习或深度学习研发人员。

（2）数据工程师。

（3）数据分析员。

（4）系统分析员。

（5）业务分析员。

（6）后台软件开发人员。

（7）前台软件开发人员。

（8）技术团队负责人。

（9）项目经理。

根据项目的复杂程度，可以将上述角色进行适当融合。项目规模越大，团队就应该更大，分工也应该更多。接下来，将考察数据科学团队各角色的关键技能与职责。

4.2.3　数据科学家的关键技能

数据科学家是一个相对较新的职业，他们的职责往往定义得不够清楚。正因为定义不清，容易导致很多问题。招聘网站上过于平庸的职位描述对优秀的候选者而言毫无吸引力。如果招聘者自己都不能明确职位定义的话，求职者就无法想象出这个职位需要他们具备什么条件。如果有人得到了这个职位却仍不知道对他们有何要求的话，情况会更糟糕。下一阶段的目标不明确，或至少定义不清楚的话，项目团队必然茫然失措。为团队角色定义明确的职责是团队有条不紊地发挥作用的基础。

理想的数据科学家应该融汇下列知识技能：

- **领域专业知识**（domain expertise）：包括数据科学家工作环境的知识，如健康卫生、零售、保险或财经等方面的知识。

- **软件工程**（software engineering）：即使是最先进的模型，如果只能呈现纯数学抽象，也不可能有用。数据科学家需要知道如何将他们的想法落实为可用的形式。
- **数据科学**（data science）：数据科学家需要精通数学、统计学以及数据科学的一个或多个关键领域，如机器学习、深度学习或者时序分析。

重要的是，要理解每个专业知识领域为什么会出现在上述列表中。首先，讨论领域专业知识。事实上，很难找到一位世界级的业务专家，他也能训练当前最先进的深度学习模型。好在也不需要满世界找这样的独角兽。数据科学家需要领域专业知识来更好地理解数据，当处理需求和相关方的期望时也能得心应手。对保险业务有基本到中等水平的了解就可以帮助数据科学家完成模型的建立。

下面举例说明业务知识如何帮助保险公司建立模型。

- 使用相同的语言和保险业务专家交流有助于发现他们的痛点和愿望，因此数据科学家可以调整目标以取得更好的结果。
- 了解保险业务知识有助于探究和理解保险公司数据库的原始数据。
- 了解保险业务知识有助于数据预处理，可以帮助数据科学家汇聚数据集，建立机器学习模型。

因此，领域专业知识虽然不是数据科学家的首要必备技能，但基本到中等水平的业务理解有助于大幅度改善结果。

其次，软件工程知识这一要素往往会被忽略。算法经常与组织中最重要的过程紧密相关，因此这些算法的可用性和稳定性要求非常高。数据科学家从不创建抽象的模型。即使在研究机构，数据科学家也是要写代码的。而且越是实际应用，好的代码就越事关重大。高超的编程技能可让数据科学家写出架构合理、说明翔实、可重用且易被团队其他成员理解的软件代码。掌握软件工程专业知识可使数据科学家构建出在高负荷条件下也不会垮的、可以从简单概念验证测试扩展到组织范围部署的不同层次的软件系统。

最后，但并非最不重要的是数据科学技能。没有这些技能工具，无人能够建立起可用的模型。但是，数据科学是一个很宽泛的领域。要确保自己理解需要用哪些算法，理解需要哪一类的专家。计算机视觉专家并不是电影推荐项目的最佳人选。如果招募了一位数据科学家，并不意味着他熟悉机器学习和数理统计的所有领域。

4.2.4 数据工程师的关键技能

项目越复杂，数据管理就越难。一个系统使用的数据可能有多个来源，其中一些甚至是实时数据流，而其他一些则可能是静态数据库。另外，系统需要处理的数据量也可能非常大。所有这些都要求配备数据处理子系统，用以管理和协调所有数据流。管理海量数据和开发能够快速处理海量数据的系统，需要使用适合此任务的高度专用的软件栈。

因此，便有了数据工程师这一独立角色。数据工程师具备的关键知识领域包括：

- **软件工程**（software engineering）。
- **大数据工程**（big data engineering）：包括分布式数据处理框架、数据流技术和各种集成协同框架。数据工程师也需要熟悉与数据处理相关的主要软件架构。
- **数据库管理和数据仓库**（database management and data warehousing）：关系数据库、NoSQL 以及内存数据库。

软件工程技能对于数据工程师而言非常重要。数据转换代码常常受累于错误的设计方案。借鉴软件设计的最佳实践能够确保所有数据处理工作都是模块化、可重用、易理解的。

处理大数据需要编写高度并行的代码，因此了解分布式处理系统的知识也是非常重要的。对于大型软件平台，如 Hadoop 生态系统、Apache Spark 和 Apache Kafka 等，都要求很好地掌握其内部结构和原理，只有如此才能写出有效且性能稳定的代码。

掌握经典的关系数据库系统和数据仓库方法论也是数据工程师必备的技能。关系数据库是大型企业数据存储的常用方案。SQL 应用非常广泛，以至于可视其为数据的通用语言。因此，可以考虑采用关系数据库管理系统（relational database management systems，RDMS）作为项目的常用数据源。关系数据库特别适合存储和查询结构化数据，所以，如果数据量适当的话，项目也可以选用关系数据库。具备流行的 NoSQL 数据库的经验也非常有用。

4.2.5 数据科学项目经理的关键技能

下面介绍数据科学项目经理需要具备的技能，包括：

- **管理**（management）：数据科学团队经理应该熟悉主要的软件管理方法论，如 Scrum 和看板（Kanban）。他们也应该知道管理数据科学项目的方法和特定策略。
- **领域专业知识**（domain expertise）：项目经理应该熟悉业务领域。否则，任务分解和优先度排序将变得不可能，项目也就难逃失败的厄运。
- **数据科学**（data science）：充分理解数据科学和机器学习背后的基本概念是至关重要的。否则，就会在不知道什么是房子的情况下建造房子。概念理解有助于沟通交流、分解任务以及讲好故事。
- **软件工程**（software engineering）：掌握软件工程的基础知识能确保项目经理关注项目的关键环节，如软件架构和技术债务。优秀的软件项目经理一般具有开发实战经历。这种经历能让他们学会编写自动测试、代码重构以及构建良好的体系结构。遗憾的是，很多数据科学项目都面临着糟糕的软件设计所带来的后果。走捷径只在短期内是有利的；从长远看，走捷径后患无穷。项目往往随着时间的推移不断扩大。随着团队的不断扩充，集成问题会更多，而且会产生新的需求。糟糕的软件设计将使项目瘫痪，结果只有一个：彻底重写系统。

4.2.6 开发团队的支持

数据产品开发与新软件系统的开发密不可分。大型项目必然有很多软件需求，包括用户界面开发、应用接口开发以及在系统中创建基于角色的工作流。如果数据科学团队自己不能事必躬亲的话，一定要寻求由软件工程师、分析员和架构师组成的软件开发团队的支持。如果除了机器学习模型之外需要建立的只是一对 REST 服务、数据集成作业和一个简单的管理用户界面的话，依靠一个数据科学团队就行。但是，如果要处理更复杂任务的话，就一定要扩大团队。

4.3 本章小结

本章首先说明了什么是数据科学家。接着用两个例子说明了数据科学家什么时候可以独自工作，什么时候需要团队工作。然后讨论了数据科学家、数据工程师和数据科学项目经理必须具备的各种技能和素质。此外，还简要介绍了何时需要寻求开发团队的支持。

最后，定义了数据科学团队的关键领域，包括分析、数据和软件。在这些领域，定义了项目角色，以确保打造实力均衡且强大的团队。简单的项目可以由小团队承担，团队成员可以分担不同角色的职责。但是，如果项目复杂程度高，团队就要相应地扩大，与项目相匹配。本章还指出了遵循软件工程最佳实践以及寻求软件开发团队支持的重要性。

在了解了定义职责和目标对完成复杂数据科学项目的重要意义之后，第 5 章将运用这些原则，进一步讨论如何为数据科学团队建立有效的人员雇用流程。

第 5 章　数据科学团队招聘面试

本章介绍如何进行有效的数据科学团队招聘面试。招聘过程与实际工作实践密切相关，应该使应聘者清楚地理解他们需要承担什么工作。本章的建议有助于摆脱不必要的面试仪式，提高招聘过程的效率。

读者可以自问：多久前进行过一次技术招聘面试？过程是否令人满意？如果面试成功了，能否断定面试问题与日常工作有关？可以肯定感觉非常糟糕。最常见的抱怨是，所有的面试都让人感觉很有压力，而且问题往往东拉西扯。技术招聘面试往往漏洞百出。按照设想，应该以合乎情理的方式筛选应聘者，以确定最能胜任工作的专业人才。其实，面试总是存在偏差的。成功通过面试与胜任实际工作几乎毫无关系。随机筛选出来的应聘者比很多公司招聘的雇用者更优秀，也不足为奇。

第 5 章包括以下主题：

- 技术招聘面试的通病。
- 将价值和伦理引入面试。
- 面试设计。

5.1　技术招聘面试的通病

拥有软件工程背景的人是不是经常被面试官要求在白板上反置二叉树或对最大子数组求和？拥有数据科学背景的人是不是经常被要求在纸上或白板上推导证明中心极限定理？而项目团队负责人是否也会自问这些问题？并非说这些问题不好，恰好相反，掌握计算机科学的核心算法和能够推导证明对有些工作是很重要的。不过为什么要问这些问题呢？对于坐在桌子另一边的应聘者，想要了解什么呢？对大多数公司而言，这些问题的答案完全无关紧要。那么问这些问题究竟是出于什么考虑呢？因为老一代的程序员必须知道算法，而数据科学家必须熟悉数学和统计学。这种思维方式是合乎逻辑且直截了当的。按照这种思路，设想 rockstar 游戏编程人员和一位数据科学奇才的整体形象。反置二叉树对某些公司的某些项目至关重要，但它对其他项目也一定是不可或缺的吗？

读者阅读本章时应该保持开放的心态和客观真实的立场。本章并不会提供有助于改善面试的诀窍，而是提供一些工具。如果读者认真领会，就可以完成坦诚、简单而又享受的面试，从而为合适的工作找到合适的人选。

5.1.1 发现不需要的候选者

很多公司都在寻找 rockstar 开发人员、优秀的数据科学家，或者全球顶尖人才。这里看一份真实招聘板上的数据科学家职位的描述。

对候选者的主要要求是：候选者能够应用不同技术（数据挖掘/统计分析/预测系统开发/推荐系统开发）处理大公司数据集。候选者能够应用机器学习模型，并测试不同活动的有效性。候选者必须具备深厚的技术经验，熟练运用多种数据挖掘工具/数据分析的方法。候选者必须能够建立和实现数学模型、算法和仿真。因此，寻找具备下列技能专长的候选者：

- 处理业务案例：寻找机会并使用公司数据创建业务解决方案。
- 挖掘和分析公司的数据集，实现产品开发与销售的优化与改进。
- 评估新的数据源和数据收集的有效性、准确性。
- 必要时借助第三方信息源扩充公司的数据。
- 利用预测建模来增加收入、提升广告定位以及增加其他业务产出。
- 分析业务案例，识别数据源（内部/外部）以及可用的数据挖掘/分析方法。
- 开发数据归一化引擎，通过对数据源的**抽取–转换–加载**（extract transform load，ETL）处理进行原始数据的清洗/去重。
- 创建、训练和测试预测模型，以解决已定义的业务案例。
- 开发用于数据集处理的算法。
- 为收集的数据设计数据结构模型。
- 确定从**概念验证**（proof of concept，POC）到生产的解决方案的构建。
- 与业务负责人协同，获取业务案例的其他有关信息。
- 处理核心业务产生的数据。
- 准备以敏捷方式开展工作（例会、敏捷迭代策划会议、敏捷迭代评审会议、敏捷迭代回顾会议）。
- 在使用敏捷原理快速适应创造性变化的环境中开展工作。
- 积极与组织内的不同开发团队开展合作。
- 做好准备以适应新的工具/库/技术/平台。
- 深刻理解机器学习技术和算法，包括 ***k* 最近邻**（k-nearest neighbors，kNN）、朴素贝叶斯、**支持向量机**（support vector machines，SVM）、决策树、聚类、人工神经网络。
- 深刻理解数学和统计学（如分布、统计测试、回归等）。
- 开发和使用高级机器学习算法和统计方法，包括回归、仿真、场景分析、建模、聚类、决策树、神经网络等。
- 精通 SQL 等查询语言。

- 有应用和开发数据架构、数据模型、数据仓库/数据湖的经验。
- 掌握基本的监督学习方法。
- 熟练掌握数据分析技能。
- 具备较强的创造力以及解决问题和分析问题的能力。
- 在 AWS、Azure、数据安全或人工智能/机器学习的一个或多个领域具备较好的技术或专业服务背景。
- 深刻理解咨询业务。
- 具备较强的结构化工作、多任务协同和时间管理能力。
- 具有主动独立的工作态度，能够履行内外部责任。
- 熟悉常用的数据科学工具箱和库，包括 pandas、Keras、SciPy、scikit-learn、TensorFlow、NumPy、MatLab 以及其他流行的数据挖掘技术。
- 具有利用统计计算机语言（R、Python 等）处理大数据集并从中获取洞见的经验。
- 拥有应用 SQL 语言的知识和经历。
- 具有应用 Azure/AWS 服务的经验。
- 掌握 C++/C#。
- 根据这个职位描述，候选者必须了解 4～5 种编程语言，且达到能够开启一个 POC 并完成生产就绪系统的水平。更重要的是，机器学习、深度学习、ETL 和业务分析技能也是必备技能。候选者应该有能力学习上述列表中未列出的任何新技术，且他/她应该是主动、独立的。

具备以上技能的人就是理想的候选者，单枪匹马的独角兽。有这样的人吗？有的。不过，有也是绝无仅有。每个公司都需要这样的人去完成他们的项目、实现他们的目标吗？回答是个大写的“不”。他们与其说是为自己的目标寻找最佳人选，不如说是为所有可能的目标寻找最佳人选。一般而言，寻找工作是长期的、令人厌倦和紧张的。看了上面长长的要求清单后，候选者将无法理解这些职位究竟是干什么的。所有的描述都是模糊不清、难以理解的。这些描述并没有暗示职位是什么。真正的职位描述应该清楚地罗列以下方面的内容：

- 候选者未来的职责。
- 履行这些职责有哪些要求。

如果职位描述模糊费解的话，考察所有必要技能肯定要经过多次面试，整个过程将会令人疲惫不堪。根据上述技能列表充分评估多位候选者几乎是不可能的。经过长时间的寻找，公司也只好随机地雇佣其中几个人。但是，随后的麻烦并没有消失。这个职位描述最大的问题是缺乏方向性。雇主并不确定候选者的能力和职责。这个问题远比表面上看起来更严重。职位描述其实只是症状而非疾病本身。对于新员工而言，晦涩难懂和模糊不清不会在上班的第一天就消除。如果雇主没有充分明确新员工应该做什么的话，工作流程就会变得混乱不堪。

大多数面试和招聘过程就是对次优的、紧张的、有偏见的候选者选拔过程的合理化。好在这些问题是可以克服的。唯一需要的是诚实、明确的目标定义和一定程度的准备。

5.1.2 明确面试目的

首先，要明确为什么需要进行面试。对此，可以做一个快速的小测验。自问为什么并写出答案，直到无话可说。然后回忆自己最后一次面试的情景。目标达到了吗？结果应该会给出一堆尚需完善的问题。

从雇主的角度来看，面试的唯一目的是为某个职位找到能胜任的候选者。而从员工的角度看，面试的目的是找到好的团队、感兴趣的项目、可靠的合作公司以及满意的薪酬。但往往容易忘记的是，面试是一场对话，而不是单纯的技能测试。

遗憾的是，对于主要的面试目标，并没有一个清晰、普适的定义。这是因为每个职位的每个目标都是唯一的。可以根据对面试职位的具体理解来定义面试的目标。如果在寻找数据科学家，那么应该认真地定义对他们的期待。新的团队成员要解决什么问题？要考虑清楚该职位的第一个工作日是什么样子。其核心职责是什么？什么技能是有用但不是强制性的？这些问题想明白后，才能着手罗列希望候选者具备的技能清单。职位描述一定要具体明确。如果要求掌握 SQL 知识，那么一定要有充分、明确的理由。

如果面试的目标是找到理想的、千里挑一的世界顶级专家，那么需要重新考虑。面试的主要目标是找到胜任职位的人。也许这个人必须是世界上最好的专家。如果是这样的话，就应该给出清楚的解释和充分的理由。为了达成这种理解，就必须描述清楚职位的定位。确定职位描述完成后，需要心里想着候选者重新再梳理一遍。职位描述应该简洁、易读，并给出职位的完整介绍和期望。职位描述不清楚，往往是因为理解不到位。这种职位描述仅仅在表达“我们需要某些人”。好的职位描述应该要表达“我们完全清楚我们需要什么样的人，值得你的信赖”。如果做不到这一点，就应怀疑真的需要提供这样一个新的职位吗？

正确理解面试的目标有以下几方面的作用：

- 有助于了解应该寻找什么样的专家。
- 看了职位描述的候选者可以准确地了解雇主的期望，有助于判断他们的经历是否与该职位相关。
- 清晰的目标定义有助于设计有目的、有洞察力的面试问题。

如果要求的事项太多，那么可以试着简化一下。也许招聘者过于尽职，所列的有些技能要求其实并不重要。也许可以考虑雇用两个具有不同背景的候选者。如果给出的职位描述涉及多方面技能要求的话，一定要有充分的理由。

如果职位描述较为复杂，那么就会发现下列情况是真的：

- 找到候选者耗时过长，因为要求太多的技能和经验。

- 候选者会期望更高的薪酬。
- 面试过程延长，可能需要多个场次。
- 选择余地更小。

所有这些限制条件都应该有充分的支撑依据。如果没有，那么就要考虑进一步简化。

目标正确并非全部，执行也很关键。下面从候选者的立场来看面试过程，以讨论偏好与共鸣的问题。

5.2 将价值和伦理引入面试

人们往往从单方视点看待面试。面试的目的是找到能够完成工作任务的可靠的团队成员。人们很容易忘记，糟糕的面试会令优秀的候选者望而生畏。如此，源源不断涌现的潜在候选者就会通过面试情况对招聘公司形成某种判断。糟糕的面试会导致糟糕的口碑。有效且顺利的面试，关键在于考虑候选者的感受。

如果对候选者的忠实要求有清晰的定义的话，下一步就需要将面试看成一个整体。为了更清楚地了解新队友，面试应该接近于一个实际的工作过程而不是毕业考试。

大多数技术面试的流程是：

- 个人简历筛选。最好具有博士学位，并有在大型技术企业工作 5 年以上的（或存疑）经历。
- 完成某种技术技能的在线测试。
- 投递 GitHub 个人资料和项目情况以供评审。
- 通过在线视频面试。需要回答一系列未来工作用得上的、与多种技术和科学领域相关的技术性问题。
- 身处一间放置有白板的房间，回答一些复杂而非常专业的问题。这些问题涉及软件开发、软件架构、机器学习、组合优化、范畴论（category theory）以及其他优中选优的重要话题。
- 一组各自领域专家对面试者进行技能测试。面试过程中往往会用专家经历过（往往花费几天才能解决）的难题考察候选者。
- 公司高层考察候选者是否有良好的文化背景，以及是否符合公司的价值观和目标。

剩下要做的就是 DNA 检测、IQ 测试、测谎仪测试，以及艺术和国际象棋能力考察之类的。

> 说来有趣，但是在有些俄罗斯公司，软件开发人员的确需要通过测谎仪测试才能上岗。

如果职位要求定义明确的话，就会发现很多步骤其实是没有必要的。更有甚者，这些步骤反而会带偏面试过程，选中那些无法胜任职位的人。

面试过程毕竟不是实际的工作过程，所以下列情况的确存在：

- 面试本身很有压力，这会严重影响面试效果。
- 面试的有些话题与实际工作要解决的任务并无干系。
- 面试问题和家庭作业与工作任务没有关系。

如果能够设计一次尽可能接近实际工作情况的面试的话，就可以消除面试的无效环节，包括以前的工作经历和教育经历筛选等。

面试过程必须尊重候选者的情绪状态，并将候选者视为一个人。也就是说，面试要人性化。如果面试按照这些要求进行，潜在候选者的名单就会增加，面试过程会更短，效率会更高。

开阔思路，摒弃偏见。有些最有才能和成功的软件开发人员、软件架构师和数据科学家并没有相关的工作经历，甚至缺乏正规的教育履历。并不是说这些无关紧要。它们确实重要，但不是决定性因素。相关性并不意味着因果性。用不必要的预筛选方式排除候选者，会丧失找到可能会共事多年的有用之才的机会。当然，有些单位需要预筛选。例如，不可能雇用一个没有文凭的外科医生。有些领域，如医疗，教育提供了自学不可能获得的重要经历。但是，对于软件工程和数据科学而言，情况截然不同。上机动手操作几下，就可以获得相关的知识和体验。

最后，谨记要以人为本。善待正在交谈的候选者，创造愉快的氛围，就能获得更好的结果。如果一整天都在面试，自然无法形成愉快的氛围，因此最好每天最多安排一到两次面试即可。

也许有人会认为这样的面试会耗费大量时间，详细了解每位候选者也是不可能的。事实正好相反。设计人性化面试的关键是要将焦点从组织转向候选者。下一节将讨论如何做到这一点。

5.3 面试设计

如何使面试更切题、更紧凑？理想的面试应该在实际工作环境中测试数个月。虽然有的公司并不采用面试程序，而是设置带薪试用期，但这种代价高昂的招聘策略并非每个公司都能负担得起。好的面试应该是实际工作体验的一种替代方式。它不应该是个人技能的测试，而是能否很好地胜任某项特定工作的能力测试。如果理想的候选者测试是试用期的话，那么最糟糕的测试就是白板面试（除非是面试计算机科学讲师）。好的面试，应该尽可能接近工作实际，接近日常解决的业务问题。

5.3.1 设计测试作业

也许会有几次相同岗位的几位同事需要证明一个定理，或者从零开始实现一个复杂的算法。但是真的要把这些安排在面试过程中吗？如果一个团队只是偶尔遇到同样的问题，那么最多也只能算作额外附加的问题。大多数的面试问题应该来自团队日常解决的问题。绝对不能从网络上查找面试问题。面试应尽可能专业具体，一般性的问题会使面试毫无生气，也与需要找到的候选者毫无干系。

面试问题往往来源于面试官自己的知识。面试官也许博览群书，也常常浏览博客帖子。如果从书本或博客中获得的知识与候选者谋求的职位不相关，那么不论这些知识多么有价值，也应该排除在面试之外。设想一下，在一次机器学习工程师的面试过程中，出现这么一种情况：候选者拿到的是关于变分自编码器（variational autoencoder）的重参数化技术方面的数学问题，但这个候选者的职位却与将预训练分类器实用化为可扩展服务相关。

上述例子可能看上去并不真实，但是确实在软件开发人员面试过程中出现过。一位候选者谋求一个分布式系统开发的职位。在问了几个技术问题之后，面试官开始问 Java 应用的原生代码集成（native code integration）的细节问题。

开发人员：*你们需要将原生代码集成到应用中吗？*

面试官：*不。*

开发人员：*好的。因为我对这方面确实不太了解。*

面试官：*我倒是想了解了解。*

开发人员：*但我对原生代码集成知之甚少。正如您所言，这无关紧要。我们可以继续吗？*

面试官就是这么问的。

无论怎么看，这个问题都不靠谱：

- 与职位的技能要求无关。
- 与公司无关。
- 面试官已经知道候选者无法回答。
- 增加了面试的压力，可能影响后面更相关问题的回答。
- 削弱了公司在候选者心里的价值。

相反，好的面试问题应该：

- 与候选者在工作中需要解决的问题有关。
- 难易程度应尽可能与候选者日常工作中经历的一样。

面试问题中最大的问题是耗时。一个典型的面试问题应该在 10 分钟之内解决。实际的工作环境中并没有这样的时间限制。为了缩小差异，可以创建测试作业。在理想情况下，测试作业可以在2～4小时内完成。

为创建测试作业，要完成如下工作：

（1）确定一项可由公司相似角色（或者具有相同头衔的团队成员）完成的核心任务。

（2）用一段话描述这项任务。任务描述应该是聪明的（**SMART**），即特定的（specific）、可量化的（measurable）、可完成的（achievable）、相关的（relevant）和有时限的（time-bound）。

（3）估计测试作业的耗时。因为测试作业是基于实际的工作体验设计的，所以完成任务可能要花数日或数周的时间。只有非常敬业的候选者才会准备好接受这样一个时间跨度的测试作业。为此可以将其分解为若干任务，再选取最重要的任务作为测试作业的一部分，这样便可以缩短耗时。所有附加的任务可以转化为问题，在检查测试作业结果时进行提问确认。

（4）如果有必备技能，可以自己完成测试作业或者寻求队友的帮助。注意如果自己不能完成测试作业，面试时一定要有队友给予协助。

在设计测试作业时，需要确认以下事项：

- 是否相关？
- 在规定时间内能完成吗？
- 是否检查了面试职位的所有必要技能？
- 能否准备附加问题并围绕它组织面试？

确定稳妥的测试作业，可能需要几次迭代。在自己完成测试后，需要决定在何处让候选者进行测试。根据面试要求，候选者可以进行远程测试，也可以让他来公司进行现场测试。如果测试作业需要的时间过长且无法拆分的话，要考虑对候选者予以补助。谨记，招聘不适合职位的候选者将会付出更大代价。

例如，可以为初级数据科学家创建一个测试作业。设想公司已经为远程教育平台提供了预测分析服务。这些公司需要预估为每位学生顺利完成课程的趋势。每个客户都在收集学生的各种数据。尽管建模流程相当标准化，还是要求执行定制化的数据预处理和特征工程以创建质量令每位客户满意的分类器。公司承诺，每位客户将得到 *F*1 得分至少为0.85的模型。

初级数据科学家按照标准流程创建和部署分类模型。应详细记录该过程，并形成文档加以解释。该过程包括以下各阶段：

（1）获得由数据工程团队从公司数据门户 Web App 收集的训练集。

（2）利用公司自助服务门户创建基于 Web 的数据分析和建模环境。

（3）将数据上载到分析建模环境，利用数据集中不少于10%的数据创建固定测试集。

（4）开展 EDA 并利用梯度提升算法创建基准分类器。利用 10 折交叉验证（10-fold cross-validation）方法测度基准 *F*1 得分。

（5）从客户数据中抽取新特征，并调整模型参数，改善 *F*1 得分。

（6）如果 $F1$ 验证得分超过 0.85，则测度测试得分。

（7）通过与分析建模环境连接，向主管经理报告结果。

（8）如果结果得到批准通过，根据公司规定，创建 REST API。

（9）将结果报告给主管经理。

针对初级数据科学家这个职位，需要测试的关键技能包括：

- 运用公司用于构建分类器的框架和工具的能力。
- 构建二元分类器的能力。
- 对日常工作所面临的相似数据集进行 EDA 和执行特征工程的能力。
- 掌握工作全流程和报告结果的能力。
- 对公司分类器构建过程背后逻辑的理解能力。

为了创建面向初级数据科学家的测试作业，需要创建一个类似于客户数据集的数据集。如果候选者从原始数据中抽取若干有用的特征的话，候选者的模型就能取得必要的 $F1$ 得分。对于候选者而言，理想的环境应该是公司的办公室，但是远程测试环境也可以接受。可以为候选者同时提供这两种环境。

初级数据科学家要在 2～3 小时内解决相似的任务。他们在步骤（5）上花费了大部分时间。这时可以人为地简化步骤（5）以保证该步骤可以在 1.5 小时内完成。要学会利用公司的内部条件，包括自助服务门户，一般最长需要 4 小时，因此在测试作业中要采用广为人知的开源工具。大多数候选者对开源工具比较熟悉，且所有的内部系统与开源工具相互兼容，因此采用开源工具是切实可行的简化措施。

测试作业的具体描述如下：

我们提供给你一份 CSV 格式的客户数据文件。请你建立一个有关学生完成课程倾向的二元分类器。数据文件中每一列的描述如下：[……为简便起见，这里省去描述内容]。你可以按照以下步骤建立模型：

（1）开展 EDA，利用梯度提升算法创建基准分类器。利用 10 折交叉验证方法测度基准分类器的 $F1$ 得分。

（2）从客户数据中抽取新特征，并调整模型参数，改善 $F1$ 得分。

（3）如果 $F1$ 验证得分超过 0.85，则测度测试得分。

（4）将结果报告给我们。

此任务的时限为 1.5 小时，但是允许申请延期。请利用下列工具完成任务：[……]。

另外，我们也准备了几个附加问题，考察候选者对任务过程的理解程度：

- 交叉验证的原理是什么？
- 交叉验证的替代方法有哪些？
- 为什么要用梯度提升机（gradient boosting machine，GBM）来解决这个问题？

- 你能解释 GBM 背后的一般思路吗？你以前用过哪些 GBM 实现方法？能讲讲各自的特点吗？
- 什么是 $F1$ 得分？
- $F1$ 得分与准确率指标有何不同？在什么情况下你更倾向用准确率指标？什么时候更适合采用 $F1$ 得分？
- 我们为什么需要一个单独的测试集？

谨记，技术评估并不是面试想要考察的唯一内容。应该跟候选者讲清楚工作流程以及团队的工作。应该试图弄清楚团队正在做的事情是否对候选者有足够的吸引力。积极性高的候选者更容易融入工作，因此他们往往才是最佳人选，即使他们的技术技能不如其他候选者。

总之，有一条关于面试提问的简单法则：问题要与所寻找职位的日常工作活动相关。问题可以高度抽象或者理论化一点、复杂一点，但只限于候选者能够每天单独解决此类问题的时候（如果是这样，请解释原因）。面试要真实一些、相关性更强一些。要清楚想要寻找什么样的人选，不多不少正合适。

5.3.2 不同数据科学角色的面试

面试应该是每个公司高度自主的事情，因此提供面试模板或问题集将违背本章的初衷。但是，准备一份关于哪些能力和日常问题与数据科学项目的每个角色准备相关的通用检查表，仍然是开展一个个人的、有目的的面试过程的良好开始。

5.3.2.1 一般指南

不管什么职位的面试，都应该考察候选者的下列能力：

- **信息检索或谷歌使用技能**：这看上去可能有点奇怪，但搜索信息的能力对所有技术专家来说都是特别有价值的技能。人们在一个项目中总会遇到一些不了解的算法、框架或者程序错误。快速找到现成的解决方案，借鉴整个数据科学界的最佳实践，可以节省大量时间。候选者与其绞尽脑汁去回答一个技术问题，还不如查找解决方案并理解它，此答案可以考虑标记其为至少部分正确。
- **交流沟通技能**：模拟真实工作流程时，需要关注候选者的交流沟通能力。要关注候选者如何理解任务的定义、如何问询以求得更深的理解以及如何报告进展状态。最好事先告知候选者，面试官也在测试这方面的技能并且提供一部分指示。例如，在居家办公时，面试官允许并鼓励随时交流。很多情况下居家办公都是在一个与实际协同办公并不相同的隔离环境中完成的。鼓励交流沟通可以了解候选者的实际工作状态，这应该成为测试任务的有机组成部分。
- **软件工程技能**：除了项目经理，每个数据科学项目角色都需要具备编程技能。候选者开发的软件模块越好，集成到整个系统的工作量就越小。

- 如果候选者对有些事情不了解，也没有问题。人总会焦虑，也会遗忘一些细节，或者缺乏相关经历。应该将面试看成一个双边过程，面试官试图通过提问与候选者协同工作。实际工作并不是考试，对吧？另外，大多数情况下，能够与团队（即使他们也不知道解决方案）协作快速解决问题的人都是有价值的。
- 不要做知识诅咒（curse of knowledge）的牺牲品。知识诅咒是常见的一种认知偏差，指具有某种知识的人在与他人交流的时候，总是假设别人都拥有理解自己所需要的所有背景知识，或者至少高估了这些背景知识。不要指望候选者能够充分理解并轻而易举地解决公司团队几天前解决过的问题。候选者根本无法深入了解公司团队使用的数据集的深层次知识和平时解决的问题的细微之处。要提防知识诅咒，尽量简化问题，使其与候选者的知识背景相匹配。

5.3.2.2　面试数据科学家

面试数据科学家时，要注重下列有助于正确决策的事项：

- 寻找什么样的数据科学家？研究型的数据科学家会开发先进的模型，拓展领域边界；而机器学习工程师更擅长快速运用已有的最佳实践，实现软件设计。很多公司其实需要的是第二类数据科学家，却试图雇用第一类数据科学家。千万不要犯这样的错误，要坚信自己是在为公司着想。
- 要了解候选者对建模整体流程的认知，特别要了解将模型实用化的经历。要关注候选者用于评价模型的离线和在线测试策略。很多专家对算法的原理熟稔于心，但缺乏对测试和交付模型的端到端的、连贯一致的方法的掌握。
- 要了解所使用的数据集存在的一般问题。如果团队经常面临非均衡数据问题的话，务必确认候选者是否具备解决此类问题的能力。
- 如果涉及具体业务领域的话，应该询问候选者是否具备领域专业知识。

5.3.2.3　面试数据工程师

如果招聘数据工程师，应该考察候选者的下列能力：

- 从数据工程师将要涉及的具体技术开始。数据库和数据处理技术五花八门，所以应该深入理解自己需要哪种技术栈，因为没有谁无所不知。大数据工程师应展示对大数据这个技术怪兽的驾驭能力和编写复杂 Apache Spark 程序的能力。拥有关系数据库和数据集成经验的后台开发人员则应展示处理来自传统数据仓库的数据集的能力，并且轻而易举地将解决方案与其他系统集成在一起的能力。
- 如果公司的数据工程工作与分布式数据处理系统（如 apache spark）有关，那么在面试时应该包含这一话题。分布式系统饱受技术泄露（leaky abstraction）之苦：代码一旦出现问题，开发人员就应该本能地意识到系统内部会如何响应以便解决出现的问题。这并不意味着，每位数据工程师都应该是分布式算法方面的专家，并且必须知道分布式账本协议 quorum。但他们应该具备足够的知识，在设计分布式数据处理业务流程时做出合理的选择。

5.4 本章小结

本章阐述了面试过程开始之前设定正确目标的重要性；解释了为什么没有明确目的地提问复杂而理论性的问题不仅无益于候选者，而且无益于面试公司；剖析了面试环节的一些弊端，明确了让面试更具目的性和意义的工具；讨论了如何区分好的和不好的职位描述。另外，本章定义了一个从实际任务中提炼面试问题的框架，这些任务实际上就是公司团队平时解决的任务。

第 6 章将介绍组建数据科学团队的指导方针。

第6章　组建数据科学团队

本章将介绍组建成功团队的三个关键因素，阐述数据科学团队领导者的角色；介绍如何组建和维护一个能够交付端到端解决方案的结构合理的团队；然后提出一项计划，完善和增加若干有用的管理技能：以身作则、主动学习、感情移入与情商、信任以及委派；还讨论倡导成长型思维如何成为团队开发过程的主要环节。

第6章包括以下主题：

- 铸就团队灵魂。
- 领导力和人员管理。
- 培养成长型思维。

6.1　铸就团队灵魂（Zen，禅）

均衡合理的团队能够高效轻松地完成所有承担的任务。每位成员可以相互支撑，发挥各自独特的能力协作他人找到解决方案。但是，均衡合理的团队并非从天而降，即使有能力的团队负责人将精英分子召集在一起。找到团队的灵魂不可能一蹴而就，需要努力去寻找。看上去，有些团队出类拔萃，而其他团队则平庸无奇。关键是要明白，团队绩效并不是恒定的常态。最好的团队可能会变成最差的团队，反之亦然。每个团队都应该努力完善自己。有些团队也许不费力，而有些团队要想改变却有困难，但是所有团队都是充满希望的。

那么，是什么造就了均衡合理的团队呢？每位团队成员在软硬技能方面都是独一无二的。有些人是全面发展的顶梁柱，而其他人则在某个领域造诣深厚。而且大家的性格情绪迥异。在一个均衡合理的团队里，彼此可以取长补短，共同提高。每位成员都知道何时能够参与才能取得最好的结果。均衡合理的团队富于自我组织管理。他们可以有效地规划和执行，而无须团队领导者的直接干预介入。领导者将整个团队凝聚起来，而实际工作中整个团队看上去又是高度去中心化的。领导者经常参与团队协作，帮助每位成员实现共同的目标。团队成员关系融洽，都想提升自我以达到新高度。均衡合理的团队的另一个特点是，他们没有决定全局命运的成员（single point of failure）。如果有人病了或者决定离开，对于核心团队的正常运行都没有太大影响。

均衡不合理的团队乍一看可能无法区分。这样的团队也能正常运转，甚至发挥出色。均衡不合理的团队可能非常高效，但很脆弱。人们无法长久地待在一个均衡不合理的团队里，因为难以为继。这样的团队形态各异，很难进行清晰地定义。这里举两个均衡不合理的团队的例子。

- 第一种情况，团队领导者是团队最优秀的专家。他们承担大多数重要的工作，而其他成员则负责最简单的委办事务。团队领导者将任务分解成很多简单的子任务，并将其分派给团队成员。除了领导者之外无人能把握整体任务。不愿意分享重要的工作，以及不愿意将团队带入任务分解过程，就会导致严重的不均衡、不合理。团队非常脆弱，离了领导者就无法正常运转。团队成员很快就会精疲力竭，因为他们看不到工作的结果。大多数任务是枯燥且重复性的事务，所以团队成员就会寻求别的团队、项目或公司的挑战。这种情况属于团队专长不均衡。

- 第二种情况，团队正在完成一项超大项目，开发已进行了 3 年。从一开始就参与该项目的团队领导者和几位数据科学家建立了密切的关系，并形成了团队文化。不过，并非所有团队成员都与他们共同度过了完整的 3 年，所以团队领导者找了几位新成员以期参与这个项目。而这些新成员很快就发现很难融入该团队。核心成员不愿与新成员交流沟通，因为他们发现由于理念差异很难做到这一点。和熟悉的人打交道远比与新成员沟通容易得多。如此，便产生了文化不均衡。

团队存在的不均衡一旦生根则很难克服。对每个具体案例都需要仔细考察和规划，以争取将团队带回到更均衡的状态。克服不均衡最有效的方法是尽早避免它的发生。

在招聘成员打造均衡合理的团队时，就应该瞄准自己的目标。没有目标，就没有行动动机，也就不知道是否均衡合理。例如，目标是“以最短投放市场时间，运用数据科学手段形成问题的解决方案”。根据这一目标，就可以明确团队的主要特征。为了成功应用数据科学，就需要这个领域的专家。为了短时间投放市场，就需要好的内部流程，以便每个人都能够顺利地、有保证地完成工作。团队需要不断完善，需要成长和持续。这就需要均衡合理。

要清楚地表明目标，确保所有团队成员理解这些目标，以便使每个人对成功的定义有统一的认识。同样，如果没有量化指标和损失函数，也就不可能训练机器学习算法。没有反馈，人们也会停滞不前。没有优劣概念，就没有努力的方向。目标能够确定这些对比的差异。

团队的另一个重要因素就是角色。角色定义了团队成员能够完成的活动。有时可能不需要角色，因为对于一个敏捷、跨职能的团队，每个人都能而且应该能包揽所有工作。这对于精通自己工作的小团队的生存而言是至关重要的。但是，跨职能与明确定义角色并不矛盾。事实上，跨职能与团队规模是衡量一个团队的不同维度，后者通过每位团队成员承担的角色多少来影响前者。

例如，数据科学团队应该处理从业务需求定义到交付最终解决方案全过程的工作。下面粗略定义项目交付过程，并将每个阶段分配给一个角色。

- **定义业务需求**：业务分析员。

- **定义功能需求**：系统分析员。
- **定义非功能需求**：系统分析员。
- **发现和记录输入数据源、创建数据集市并形成报告**：数据分析员。
- **EDA 和建模**：数据科学家。
- **围绕模型开发软件**：软件工程师。
- **产生最终产品文档**：软件工程师和系统分析员。
- **交付与部署**：DevOps 工程师和软件工程师。
- **管理与团队领导**：团队领导者。

假设该团队只有三名成员，包括团队领导者。这时可以将若干角色组合起来从而满足团队规模限制，同时要为每位团队成员制定各自的目标。前面提过，为每个职位明确目标是好的招聘过程的基础，而创建团队目标、定义角色以及将角色与职位对应就是职位目标明确的前提。

就本例而言，有很多角色组合选择，但是最现实的应该是：

- **定义业务、功能和非功能需求**：分析员。
- **软件和模型交付**：机器学习工程师。
- **项目管理、团队领导以及最终和中间结果的确认**：团队领导者。

可以通过以下转换确立与团队目标一致的个人目标：

团队目标→团队角色→职位→个人目标

一个团队的角色越多，团队规模越小，团队成员之间的边界就越模糊，找到填充那些角色的队友的困难就越大。定义角色有助于更实际地确定组建优秀团队所要承担的工作量和所需的经费，所以千万不要忽略这一步。将角色对应到职位同样重要，无论是大团队，每位员工的职责泾渭分明；还是小团队，职责划分较少。

按照上述流程，可以建立一个反馈系统，用以优化整个团队和个人的目标，使每位成员了解他们所参与的整个项目的全貌。设计深度神经网络时，需要建立损失函数，并确保梯度信息传遍所有层。组建团队时，需要确保反馈能够从项目经理这个起点传遍团队的每一位成员。

理解角色、目标以及规模限制也有助于扶持和拓展团队。随着时间的推移，团队将不断壮大。如果能够稳住核心的目标–角色–职位这一框架，增加新的职责和团队成员都不成问题，而且职位将聚焦于更少的角色。目标–职位–角色关系的维持与变动也是保持团队均衡性的重要手段。组织结构或团队主要目标的变化总会带来不均衡风险，因此在引入变化和规划时要特别注意。

团队均衡性和反馈系统等概念简单有用，有助于组建均衡合理的团队，并以正确的方式发展或调整团队。

6.2 领导力和人员管理

在“铸就团队灵魂”一节有个结论，团队领导者不应成为团队核心，因为这种情况会导致团队严重失衡。尽管如此，团队领导者同时应该做到无处不在，却又无影无形。团队领导者应该促进团队的正常运转，帮助每位团队成员参与项目过程，并且消除各种威胁到团队发挥作用的风险于未然。好的团队领导者可以替代和支持团队的所有或大多数角色。他们应该具备团队核心角色的专业知识和技能，可以在尽可能多的团队活动中发挥作用。

团队领导者应确保相关信息容易传递给整个团队，并且确保所有的交流都可以根据需要进行。如果拿互联网打个比方的话，团队领导者应该为所有服务器提供快速可靠的通信网络。

团队领导者的另一项重要任务是持续均衡地发展壮大团队。所有团队成员都应该充满活力、被激励，并且清楚地了解他们如何朝着自己的个人目标成长。

最重要的是，团队领导者应该设定明确的目标，并与他的团队齐心协力达成目标。团队领导者应该将每个人的努力汇聚到某一工作重点，确保该工作重点是正确的着力点。

但是如何能够让每位成员专注于自己的工作呢？如果问什么是领导力的重要因素，那么答案应该是以身作则。一个成功的领导者的现代思维在现实世界几乎不被认可。很多人以为，所有领导者都是训练有素、能说会道的协调人，能够三言两语就说服所有人心甘情愿地去做任何事。诚然，交流技能不可谓不重要，但并不是发号施令的那种。发号施令在有些情况下或许有效果，但是有因必有果——从长远来看，发号施令往往是具有破坏性的。

6.2.1 以身作则

最简单有效的领导风格建议很可能是在小时候给予的：想和其他人建立良好的关系，就要搞定第一步。要让别人相信你，首先就得信任别人。要让团队受到激励，就得在工作中向每位成员伸出援手，让他们看得到进步。管理学称这一原则为以身作则。做到言行一致，人们就会效仿。

这种领导风格对于团队建设非常有效：

- 无须学习和应用复杂的理论性方法论。
- 在团队中建立关系与信任。
- 确保团队领导者参与团队中每个角色的工作流程。
- 有助于每个人的职业成长，包括领导者自己。

以身作则的唯一缺点是难以落实。它要求领导者与团队打成一片，无论从情感上还是理智上，而这一点不易做到。避免筋疲力尽是很重要的，因为团队成员会立刻察觉到。如果领导者垂头丧气、斗志消沉，团队成员也会被感染。好在有个简单的方法能够避免领导力丧失。

那就是在工作日抽点时间从团队领导事务中解脱出来干点别的事情。例如，参与一个小型的研究项目，给团队成员提供帮助；或者自己完成一个原型系统的开发。

另一个告诫是，以身作则的领导力可能很难放手。很多有抱负的团队领导者自己担负了太多的工作。领导者往往是团队里最富资历的专业能手，对于分派工作往往感到难为情，特别是当领导者知道自己能做的时候。没有工作委派，团队就不能运转，这样的团队很快就会分崩离析。团队领导者不能正确地分派任务的话，就会出现不均衡、不稳定现象，那就只好听天由命了。

6.2.2　发挥情境领导力（situational leadership）

幸好在大多数情况下，分派任务的问题基本上都是考虑情感的。为了无顾虑地分派任务，应该建立信任。而为了建立信任，就需要迈出第一步。如果发现很难分派任务，那就强迫自己去尝试一下。这似乎是大胆一试，但还是需要了解团队能够做什么。刚开始可能会心里没底，但是要相信团队会回报以惊喜。任务分派的困难之处在于任务描述。如果不能正确地描述需要做什么，又不让事情过度复杂化，那么任务分派就会无法完成。为了有效地进行任务分派，团队领导者需要发挥情境领导力。情境领导力的核心概念非常简单：必须把握团队成员的能力和奉献精神。然后，根据团队成员能力和奉献精神的程度，选择领导风格。

图 6.1 展示了一个简单有用的领导风格选择工具，可用于任务分派。

图 6.1 用两个变量测度员工的水平：奉献精神和能力。奉献精神代表员工的激励水平。一方面，具有很强奉献精神的人会觉得自己的工作很有趣，随时准备挑战困难直至完成任务。另一方面，奉献精神差说明一个人对完成任务并不太感兴趣，觉得任务枯燥重复，或者使人几近崩溃。与奉献精神相对的是能力，它表示员工亲力亲为完成任务的能力。能力低说明一个人在某个领域对他要完成的任务没有或者少有经验。能力强意味着员工具备完成任务的所有必要知识和经验。情境领导力有助于保持员工的激励水平，确保员工获得所有必要的指示从而提升他们的能力，保质保量地完成任务。

下面的例子展示了如何在分派任务之前通过确定员工的能力和奉献精神以发挥情境领导力的策略。

（1）假设团队来了一个新成员——简（Jane）。她没有多少经验，在团队中处于初级职位。但她积极性很高，渴望学习新事物。可见，奉献精神高而能力低，因此对她必须采取指挥性的领导方式。显然，简无法独立完成复杂任务。因此，最好给她分派一些简单的任务，将任务分解为尽可能多的子任务，翔实地描述任务，并且检查每一步是否都正确。这类员工会占用领导者的很多时间，领导者需要清楚自己有多少资源可用。一个团队如果有十名高奉献而低能力的成员，耗尽领导者全部精力简直是小菜一碟。

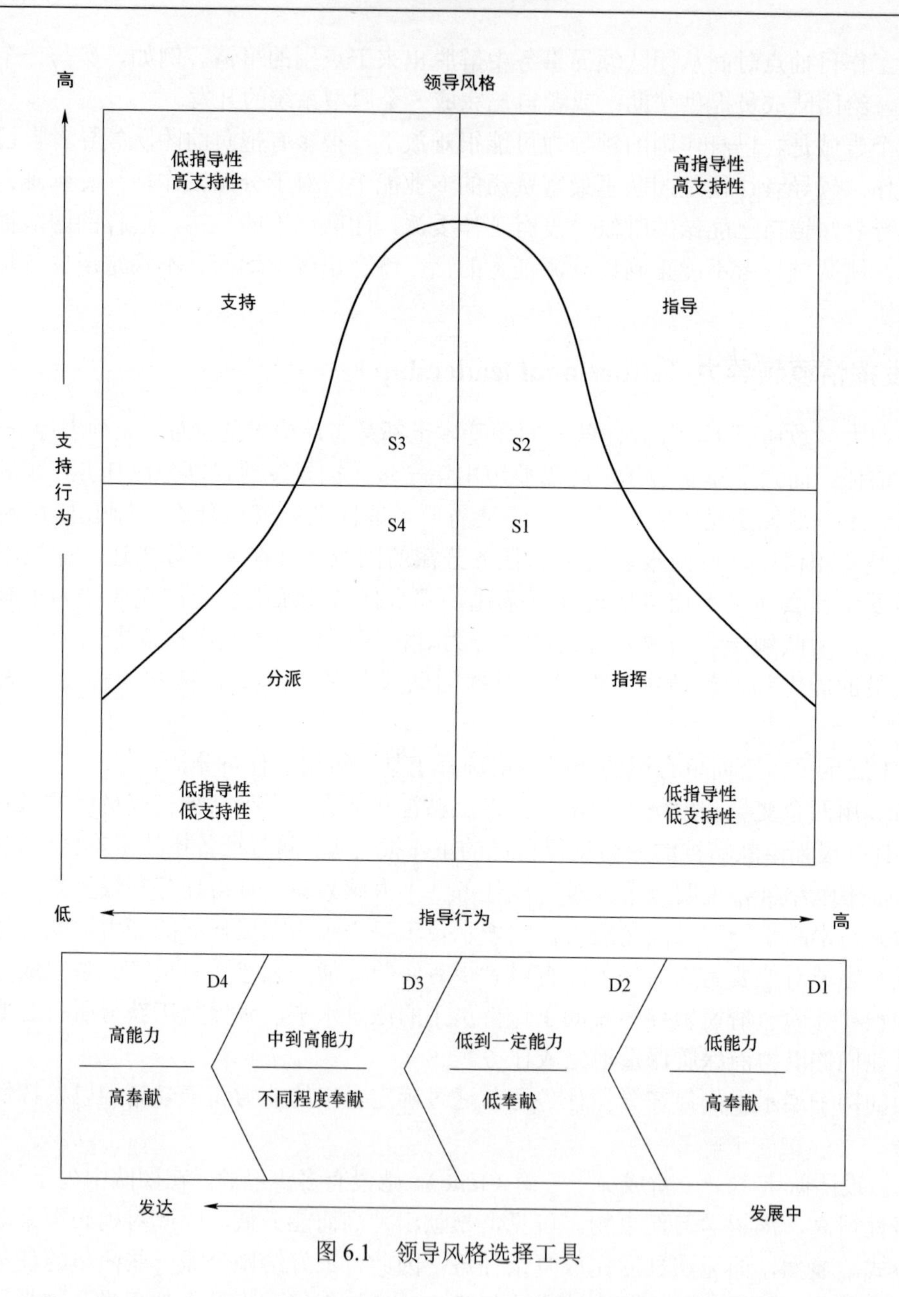

图 6.1　领导风格选择工具

（2）工作一段时间后，简掌握了某些技能，但她的积极性却开始减弱。这时是指导的最佳时机。在此阶段，领导者可以稍微放松一点管控，让团队成员更好地开展工作。

（3）简的能力得到进一步提升，相比团队其他成员，可以说她的业务技能达到了中上水平。抓住这个转型期很重要，因为简的积极性再度面临考验。为了提高简的积极性，领导者应该改变自己的领导方式，采取支持性领导方式，尽量不关注具体的任务分派。领导者也要与简分享一些决策性任务。在此阶段，简的工作绩效可能还不稳定，所以应该给予她一些必要的支持，帮助她过渡到最后阶段。

（4）在此阶段，简已经成为高级专家。她技能娴熟，能够做出正确决策，提供高质量的稳定成果。这时领导者就可以分派任务。领导者在此阶段的主要目标是设定更高目标，掌控进度，并参与高层次决策。

6.2.3 明确任务

情境领导力模型很有用，但它并未说明如何描述任务，以使团队成员与领导者的考虑同步。首先，须知任务描述不应该对所有团队成员都相同。任务描述会因能力和积极性而不同。在指挥阶段，任务描述类似于低层次的、详细的“待办事项”清单；而在分派阶段，任务描述可能就是三言两语。但是，无论在哪个阶段，任务描述都应该清楚明了、有规定时限且实事求是。SMART 准则有助于形成这样的任务描述。

SMART 要求任何任务都应该：

- **特定**（specific）：具体，并且瞄准一个特定的领域或目标。
- **可量化**（measurable）：设置若干进度节点与指标。
- **可分派**（assignable）：有一个或多个被委托人完成被分派的任务。
- **可行**（realistic）：给定一组约束条件和可利用资源，说明能够得到的结果。
- **有时限的**（time-bounded）：有明确的时间约束或期限。

谨记 SMART 准则。这个准则是一个方便的检查表工具，它有助于团队成员更好地理解领导者的意图。尽管如此，无论任务描述多么翔实，也要让被委托人明白。人类的语言充满模糊性，人们的想法往往又不明确，甚至连自己都不明白自己在想什么。拟就一份任务描述后，应该走向团队，询问：“你们怎么理解？能否讨论一两分钟？”或者采取更直截了当的方式，在迭代计划会（iteration planning meeting）上逐一介绍各项任务。这些对话交流是任务分派的重要环节。理解上的任何微小偏差都可能会造成未曾预料的、完全错误的结果。

花几分钟讨论手头上的任务有助于领导者确信以下事项：

- 对任务及其目标的理解是正确的、实事求是的。
- 任务描述是充分的。
- 领导者和被委托人对于要完成的任务理解一致。
- 被委托人理解结果应该是什么样的。
- 期限是可行的。

6.2.4 感情移入（empathy，共情）

以身作则、情境领导力以及 SMART 准则，这些基本概念有助于组织开展和评测团队领导者的工作。但是，还有另外一个关键因素，缺少这个因素，即使完美地履行了领导职责，团队也可能会垮掉。这个因素就是感情移入。感情移入意味着了解自己和别人的情绪。人类的反应大多数情况下是非理性的，人们经常混淆自己的感觉和情绪。例如，很容易混淆愤怒和恐惧。在现实中，人们可能表现出很愤怒的样子，其实他们只是感到恐惧。理解自己的情绪，学会把握别人的情绪，这都有助于团队领导者更好地理解团队成员，发现他们行为背后的细微之处和实际动机。感情移入有助于发现非理性行为背后的逻辑，以便给出正确的响应。对于攻击性行为可能容易报之以愤怒，除非了解行为背后的真正动机。如果了解了动机，那么愤怒应对可能最终看上去显得有些愚蠢。感情移入是矛盾消解的终极工具，有助于建立团队的信任和凝聚力。在后面将要讨论的谈判中，感情移入也具有重要作用。

感情移入并不是与生俱来的本事。当然，有些人天生比其他人更善于感情移入，但是这并不意味着感情移入能力无法获得。这就是一种技能，与其他技能一样，如果下功夫就能掌握。增强这种能力要从我做起。要注意自己整天的情绪。面临复杂情况，要认真考虑自己的行为和情绪。试着去弄清楚何种反应是合适的，何种反应是不合适的；试着去理解引发反应的背后原因以及当时的感觉。有时，领导者会发现感觉与行为并不一致。那就进一步认识两者的差距所在。久而久之，就会越来越理解情绪。首先，学会理解自己，然后才能更好地理解别人的情绪。

另一个有助于提升感情移入能力和理解别人情绪的重要工具是积极倾听（active listening）。人们每天都在听别人说话，但是能否从他们的言谈之中获取所有有用的信息呢？事实上，人们往往置于脑后。倾听别人言谈时，人们往往会因自己的思绪而无法集中注意力。人们一般不注意倾听，却急于倾诉。

也许有人听说过，多听有益，兼听则明。设想有人正处于矛盾冲突的境地。他的队友没按通知在第三天而是在当天下午 3 点就来到了办公室。当他问队友怎么回事时，队友却严厉地要求他离开。他可能会立即以同样具有攻击性的方式予以回应。但是，在这种情况下，他最好了解一下队友为什么会有如此表现。未知的因素能够澄清这样类似看上去不合常理的行为，从另外的角度展示队友的情况。

单纯地希望信息滚滚而来，其实是过于乐观的。如果站在面前的那个人毫无谈话兴致的话，情况会更加糟糕。为避免这种局面，就要主动地倾听。主动（积极）倾听涉及若干有助于让人畅所欲言的技巧。

积极倾听要做到：

- **全神贯注倾听**（pay full attention to the speaker）：当别人长时间讲话时，人们往往会不知不觉地沉浸在自己的思绪中。讲话人会马上注意到有人心有旁骛、在开小差，这样就会对讲话人分享信息的欲望产生负面影响。
- **表现出正在倾听**（show that you are paying attention）：用“嗯哼”“啊哈”给予反应，用点头示意或微笑表示赞同。讲话人应该就不会感觉是在对着墙说话。
- **改述与复述**（paraphrase and mirror）：这是指复述最后一个短句的最后两三个词。所谓改述，是指用不同的词重复或串成最后的短句。例如，“听上去你是想……”。乍一看可能会有点令人尴尬，但是请相信，复述绝对有效。这是积极倾听最重要的工具。它在讲话人和倾听者之间建立了信息传递渠道。了解了改述与复述之后，可以注意到善言者常用这种技巧，而且他们是在无意识地运用这种技巧。因此没有理由不用这个工具。
- **任何时候不要评头论足**（do not judge，ever）：公开评论别人会激发他们的戒备心理，打断信息交流。
- **用语言表达情绪以了解别人的感受**（verbalize emotions to understand what others feel）：感情移入是一项很难掌握的技能，但通常有一条捷径可走：用语言说出别人的感受。“我觉得你有点不高兴，对吗？”如果说对了，别人会予以肯定；如果说错了，至少得到了一定了解。

积极倾听说起来容易，实际做起来可能很难。与其他技能一样，熟能生巧。在日常谈话中遵从这个简单的建议，就会注意到这是行之有效的。

6.3　培养成长型思维

团队建设的最后一个关键因素是成长型思维（growth mindset）。如果一个团队要想维持稳定，就需要不断成长。没有成长，就没有动力，没有新目标，也就没有进步。可以将团队成长归纳为两部分：团队整体的成长和每位团队成员个体的成长。

6.3.1　团队整体的成长

团队面临挑战、遇到开发项目以及获得新机会之时就是整体成长之日。团队整体的成长会促进公司的发展壮大。但反过来并不成立：公司业务增长，并不意味着团队会自然变得更好，并看到新的机会。吸取经验教训是团队成长的重要环节。只有当公司继续发展时才有更多的学习机会。凡有什么好事发生，领导者及其团队都应该从中学习经验。遇到不好的事情时，也要从中吸取教训。每当发生重大事情时，更需要确保将相关信息传递给团队所有成员，并且要求有反馈。

一个重要的学习工具是回顾会议（retrospective meetup）和内部会议（internal meetup）。回顾会议是项目组会议，团队中每位成员要回答三个简单问题：

- 我们做对了什么？
- 我们做错了什么？
- 我们应该如何改进？

回顾会议可以让团队得到反馈并不断改进。回顾会议也是有效的项目管理工具，可以提高团队的成效。在更大规模的回顾会议上，每位团队成员都应该有机会与其他人分享经验，并获得有益的反馈。这些反馈不仅来自管理者，也来自团队的其他成员。

6.3.2 面向个体成长的持续学习

虽然通过从日常经验中学习以实现团队整体的成长有章可循，但个体成长却并非易事。需要自问的一个重要问题是："我怎样激励人们去学习？"在数据科学领域，仅凭日积月累的工作经验就成长为专业人员极其困难，这与其他任何技术领域的情形别无二致。为了个体成长，以及作为团队的一部分，团队成员必须不断学习。获取新知识对某些人而言是困难的，特别是那些毕业之后就停止主动学习的人。学习是一种习惯，人人都应该养成迫切学习新知识的习惯。成长型思维背后的关键思想是，毕业之后，人们也不应该放弃拓宽知识面的努力。知识无边，当今任何人们想学的东西都在指尖上（计算机网络），只需稍作努力便可得到。贯穿一生的、不间断的持续学习能力是实现无止境的自我发展的真正财富。想一想，有了足够的知识和坚持，几乎任何目标都能实现。

个体或局部成长的关键是持续学习。如果领导者想要激励团队成员学习成长，必须向他们传递以下思想：

- 持续学习是一种可以帮助团队成员将学习培养为习惯的工具。
- 不是每一个人都有个人时间去学习。即使有，也不是每个人都热衷于花时间从头开始学习。工作中的学习与研究活动应该是养成学习习惯的有效途径。
- 个人学习计划有助于团队成员细化和跟踪他们的目标。
- 项目、学习以及绩效评估过程的其他目标有助于实现团队内部的信息反馈。

现在逐项说明上述内容。首先是持续学习。持续学习的主要思想是，无论是在一天读完一整本书还是浏览了一条推特信息，这些都属于学习。每个人每天都应该努力学习新东西，哪怕一点点。最终，每个人不仅会更接近学习的目标，而且会养成不知不觉就获得更多知识的习惯。过不了多久，持续学习就会成为人们生活的一部分，渴望学习新的有用信息，如同调度工具一样优化人们的业余时间，挤出上下班交通、商场排队等零碎的时间，帮助人们朝着更重要的方向前进。

持续学习的关键是积少成多、循序渐进，进而达成学习目标。如果有志于此，那么就能持之以恒，越发精进。即使不是这样，也能学到一些新东西，继续前进。

首先，持续学习是达到单个目标的途径。然后，取得第一手成果后，就会认识到，持续学习能让人学到更多：可以将其应用到新的专业、技能或感兴趣的领域。再过一段时间，持续学习就变成了人们生活的一部分，帮助人每天都取得进步。

6.3.3　提供更多的学习机会

养成习惯并非易事。要坚持不懈、不断重复，方能形成习惯。领导者应该为团队提供尽可能多的机会。如果希望团队能够自主成长、持续进步，必须拥有以下条件：

- 学习计划模板。
- 研究与教育的时间安排。
- 有偿课程与书籍的补助。

首先，学习计划模板应该方便可取，可将它发布到公司维基（wiki）或其他在线资源库中。学习计划模板应该包括团队认为有益于获得新能力的所有技能、书籍以及在线课程。该页面应该经常更新，并能及时链接到团队找到的新的资料。要对所有资料分门别类。

尤其是，对于数据科学的学习计划模板，应考虑以下各类：

（1）数学：

- 数学分析与优化。
- 线性代数。
- 数学统计。

（2）数据科学：

- 机器学习。
- 深度学习。

（3）数据工程：

- 关系数据库。
- 数据仓库。
- 大数据。
- 商务智能。

（4）软件工程：

- 软件架构与模式。
- 代码质量。

所有这些主题都应该链接到带有评论的书籍、在线课程以及博客，这些评论涉及资料为什么好以及哪部分最有用等话题。更好的做法是将每个主题再设置成不同等级。例如，初级、中级和高级。如此，团队领导者以及团队的任何人都能了解各自大致处于哪个能力级别。

学习计划模板可以用于绩效评价，以创建和调整个人的学习计划。本章后面将详细讨论这个问题。

建立了学习计划模板之后，领导者就可以与每位团队成员交谈，了解他们的职业目标。可以问他们想在哪些方面有所进步，理解他们个人对什么感兴趣。可以让他们看一遍学习计划模板，再写下他们在每一个主题方面大致的能力等级。如果团队成员无法单独完成这项任务，可以施以援手。有了这些信息，领导者便能了解每位成员目前处于哪个层次，他们想朝哪个方向发展。这时领导者就可以列出个人学习计划。Trello 等简单的任务跟踪系统是跟踪学习目标的不错的工具，可以利用其为团队成员们准备共享板，并在会议中创建卡片。与其他任何任务一样，最好参照 SMART 准则确定学习计划。特别要确保学习计划的可实现性（一年读 100 本书，对某些人而言是可行的，但不适合其他的人）和时限性。每个学习计划都应该有时间限制。到了规定的时间，团队应该聚在一起，调整学习计划：确定下一个目标、产生新计划表、删除过时的目标。在第二次会面时，领导者可能会发现很多学习计划并没有完成。这意味着需要调整下一阶段学习资料的数量。重要的是进步从未停止，而不是完成了多少张学习卡片。

没有安排好研究与教育时间的学习计划是没有用的。计划时间表可以是个人的，但是也不能坚持将团队的自我教育只安排在他们的自由时间里。也要在工作中给予团队成员学习的机会。一般在项目与项目之间，或者在等待其他人完成相关工作之时，经常会出现自由时间间隙。偶尔，有的团队成员会有几天休息时间，以等待新的任务。要善用这些时间。领导者可以跟团队成员沟通，如果他们暂时没有被分派任务，是否应该按照已报告的个人计划开展学习。有时，公司政策可能不允许在岗学习。对此，需要尝试沟通，说明学习是一项长期投资，能够让一个团队表现更好。

养成学习习惯的另一个重要因素是，要对付费课程和书籍给予补助。学习资料和在线课程可能价格不菲。团队成员可能会将钱用于其他计划，而非用于购买书籍以提高自己。如果有人能想清楚教育投入可以回报更多的话，当然再好不过。但是并非每个人从一开始就能明白这个道理。人们需要自己体验这个过程。他们需要看到，学习的确有利于他们的进步，无论是收入还是技能。需要企业补助完成的课程和书籍其实并不贵，而且能更好地促成团队的学习习惯。

6.3.4 利用绩效评价帮助员工成长

最后但并非最不重要的因素是绩效评价。绩效评价的唯一目的是实现双向反馈，并正确评价个人的进步。评价绩效的方法数不胜数。很多公司采用 KPI 系统。KPI 是一个可以衡量一个人成功与否的适当指标。销售总额（以美元计）是销售部门常用的 KPI。起初，这看上去是一个不错的 KPI 指标。销售部门应该卖东西，对吧？将销售部门的成功与否与这个 KPI

捆绑在一起，就等于告诉每一个人："你们一门心思就应该多卖东西，其他概不考虑"。但这其实是一个很短期的目标。销售部门的现实情况要比单个数字要复杂得多。如果转而讨论软件开发或数据科学部门，KPI 就会更麻烦、更复杂。如何考量一位程序员或一位数据科学家的绩效？也许可以利用实验次数或每天所写代码的行数作为 KPI？其实，这些值与真正的成果毫无干系。

说实话，迄今为止还没有个人 KPI 的成功应用案例。KPI 最适用于业务流程，而个人 KPI 都是一维的，也是不现实的。如果简单地将一个人的成功与一个数值联系在一起，那么他们要么懒得搭理这个评价体系，要么学会钻这个评价体系的空子。一种更好但又更费时间的跟踪绩效和设定目标的方法是绩效评价。绩效评价通常每年进行一次或两次。

绩效评价包括若干步骤：

（1）请团队成员写出自上次绩效评价以来他们做过的每件事情，如完成的项目、主要工作成果、开源贡献、著书等。这里假定该团队成员名叫马特（Matt）。

（2）将马特的工作自述发给与他一起工作的同事。尽可能发给更多的人：项目经理、产品负责人和团队成员。请他们回答以下问题：

- 与马特一起工作，你喜欢哪些方面？
- 哪些方面还可以改善？你不喜欢哪些方面？

（3）与马特一起工作的项目经理应该亲自回答上述问题。

（4）对所有评价进行匿名化处理，并形成单独的一份绩效评价报告。

报告完成后，应该告知马特并安排一次见面。会面之前应分享绩效评价报告，这样能够让马特有时间考虑如何回应并给出结论。会面时，要逐项进行讨论，以确保都是在针对同样的内容进行交流。要确定需要改进的最重要的方面。如果马特达到了上次绩效评价设定的新高度的话，就应该考虑给予提拔或奖励。对正面反馈和负面反馈要同等重视。绩效评价要引人注目，要使人印象深刻。要尝试创建好看的评价模板，模板要版式整齐、风格统一。也应该将所有评价打印在好看的纸上，让人过目不忘。绩效评价应该留下正面印象，特别是当反馈更多偏向负面的时候。领导者应该激励团队不断改进，但也不要忘记收集关于自己的评价。作为管理者，团队领导也会犯很多错误，甚至对错误还没有任何察觉。对领导者而言，从团队获得反馈与反馈给团队同样重要。

如果想促进团队养成成长型思维的话，以身作则很重要。若想让别人接受持续学习原则、学习计划和教育目标，首先领导者自己要做到，要形成示范效果。如此，才能做到一举两得：既大幅度提升了自己，又能向团队展示自己所言是有效的。

下面通过一个示例，说明如何应用本章给出的建议。

6.4 案例：创建数据科学部门

某大型制造企业决定设立一个新部门——数据科学部门。他们雇用罗伯特（Robert）作为有经验的团队负责人，并要求他组建这个新部门。罗伯特做的第一件事就是研究他的部门将处理哪些事务。他发现，公司内部对数据科学的理解仍是模糊不清的。虽然有些管理者希望部门负责建立机器学习模型，并寻找公司新的数据科学用例，而其他管理者则想让他建立数据仪表盘和数据报告。为了组建均衡合理的团队，罗伯特首先明确了团队的两个目标，并确信他的想法正确地体现了公司管理层对新团队的期望。

- **数据管理**（data stewardship）：根据管理层的需求，基于公司的数据仓库构建数据集市、报告和数据仪表盘。
- **数据科学**（data science）：寻找高级分析用例，开发原型系统，坚持项目理念。

接着，罗伯特考虑了团队规模限制，并询问了每月每个目标有多大的业务请求量。对于数据管理部分，由于管理层事务已积压太多，他们需要尽快完成所有任务。而对于数据科学部分，管理层并没有什么业务请求，只是期望未来三个月内团队能找到和提供新的数据科学用例。管理层通知，他们已经准备组建一个人数不超过四人的专家团队致力于数据科学目标的实现。

根据以上信息，罗伯特设定了以下团队角色：

（1）**数据团队负责人**（data team leader）：领导两个数据团队，并从顶层协调项目的推进。团队成立的第一年，该角色的工作负担估计并不大。

（2）**数据管理团队**（data stewardship team）：

- **团队负责人/项目经理**（team leader/project manager）：目标定义明确要求有人管理汇集的业务请求并规划工作。
- **系统分析员**（systems analyst）：负责将可视化分析结果和来自相关方的需求整理成文。
- **数据分析员**（data analyst）：基于系统分析员定义的需求，开发数据报告和仪表盘。

（3）**数据科学团队**（data science team）：

- **团队负责人/项目经理**（team leader/project manager）：应该能够管理业务环境中的研发过程。
- **业务分析员**（business analyst）：负责与公司管理层交流，并寻找潜在的数据科学用例。
- **系统分析员**（systems analyst）：负责寻找数据，并对业务分析员提供的用例提出需求。

- **数据科学家**（data scientist）：根据业务分析员和系统分析员提供的任务定义开发系统原型。
- **后台软件工程师**（backend software engineer）：将原型系统与外部系统进行集成，并根据需求开发软件。
- **用户界面软件工程师**（user interface software engineer）：开发交互式用户界面和展示原型用的可视化工具。

接下来，罗伯特考虑了团队规模限制，并根据前面确定的角色设立了以下职位：

（1）**数据团队负责人**（data team leader）：

所需员工（employees needed）：1 名。该职位将由罗伯特负责。

（2）**数据管理团队**（data stewardship team）：

- **团队负责人**（team leader）：所需员工 1 名。罗伯特以前没有领导数据分析团队的经验，因此他决定招聘 1 名有经验的管理者，在他的领导下工作。
- **系统分析员**（systems analyst）：所需员工 1 名。
- **数据分析员**（data analyst）：所需员工 2 名。
- **数据科学团队**（data science team）：

（3）**团队负责人**（team leader）：所需员工 1 名。第一年，该职位由罗伯特负责，因为项目不多，所以不会影响数据团队负责人的角色。因为罗伯特将要成为团队里最好的专家，他必须认真地考虑如何采用情境领导力来分派任务，以便团队里的数据科学家们能够得到鼓励，并拥有上升的空间，同时承担更复杂的任务。

- **业务分析员**（business analyst）：所需员工 1 名。
- **系统分析员**（systems analyst）：所需员工为 0。罗伯特决定没有必要将系统分析和业务分析分开，因为系统分析可在研发阶段由整个团队跨职能执行。
- **数据科学家**（data scientist）和**后台软件工程师**（backend software engineer）：所需员工 2 名。罗伯特决定将数据科学家和后台软件工程师合二为一，因为原型项目的软件工程需求完全可由数据科学家处理。他决定招聘两位专家，这样他就可以同时考虑几个想法。

然后，罗伯特为每个职位定义了工作流程，给出了准确的工作描述和面试程序（参阅“第 5 章　数据科学团队招聘面试”）。为了促进成长型思维的养成，罗伯特根据自己的经验为每个团队角色定义了学习计划模板。他专注于角色而非职位，因为当团队成长后有些复合职位将要分离，基于角色的成长必然会导致这些分离。罗伯特也制定了一份团队负责人速成指南，其中他说明了基于情境领导力和 SMART 准则的任务分派标准流程，并为每个团队设定了绩效评价计划表。

6.5 本章小结

本章讨论了组建和维持团队这一复杂话题。首先，阐述了团队均衡合理性的概念，探讨了为什么这对团队的长期生存很重要。其次，给出了几种领导方式，包括情境领导力模型和以身作则，也说明了利用 SMART 准则如何创建良好的任务描述。再次，指明感情移入和主动学习是领导者最重要的软技能，讨论了持续学习和成长型思维等概念。最后，说明绩效评价过程如何有助于团队培养学习习惯。

本章是本书“第二部分　项目团队的组建与维持”的完结章。本书的第三部分将讨论数据科学项目管理的主题。

第三部分　数据科学项目的管理

构建数据科学项目需要有效的管理策略。传统的软件开发方法论适用于数据科学项目吗？需要记住哪些忠告？应该遵循什么样的流程来管理开发迭代？如何在研究与实现之间维持平衡？应该如何处理极端不确定性问题？

第三部分包括以下 4 章：

第 7 章　创　新　管　理

本书“第二部分　项目团队的组建与维持”探讨了如何组建一个能够交付数据科学解决方案的均衡合理的团队。现在，本书将继续讨论如何能够发现具有实际价值的项目和问题。本书的第三部分将在更大范围内探讨数据科学管理的问题。话题将从团队领导方式转向数据科学项目管理策略。第三部分将介绍具体的策略和方法，以便发现、管理和交付有业务价值的项目。

对大多数公司而言，数据科学和机器学习属于创新领域。与软件开发不同，这些学科对客户和业务相关方而言是**未知领域**（terra incognita）。如果像对待其他项目一样对待数据科学项目的话，将会面临很多意想不到的问题。数据科学领域需要区别对待。进入创新领域，最好和良好的定义是不同的。

第 7 章将讨论创新管理，回答以下问题：

- 理解创新。
- 大型组织为何屡屡失败？
- 探究创新管理。
- 销售、营销、团队领导方式以及技术。
- 大公司的创新管理。
- 初创公司的管理创新。
- 发现项目想法。

7.1　理解创新

在讨论创新失败之前，需要理解创新是什么。词典中对创新的定义是，新事物或者以不同方式引入的事物；新事物或方法的引入。任何创新都是暂时的。爱迪生的电灯泡曾经是创新产物，汽车也是。成功的创新如暴风骤雨般席卷了人们的日常生活，并且永远改变了它们，然后趋于平淡。失败的创新则逐渐消失，直至被彻底遗忘。

纵览历史，技术创新并不保证最后的成功。汽车最早出现于 1886 年，而在 27 年以后，也就是福特汽车公司建成首条移动装配生产线的 1913 年，轿车才真正地开始改变人们的生活。如果将创新定义为发明家的成功，那么第一辆轿车的发明算得上巨大突破。但从商业角度看，只有一项创新打开了一个新的有稳定收入流的市场，才称得上创新成功。技术创新开辟了新领域，而商务创新则创造了新的前所未有的价值。这种价值驱使着新市场和新业务的形成。

7.2　大型组织为何屡屡失败?

大公司往往将创新视为金矿。很多企业家在想，*你听说过这家新创业的人工智能公司吗？想想我们在这个领域能够做些什么。相比其他公司，我们公司的资源还是很丰富的。*但是，历史正好相反，因为新兴的创新技术往往产生于小的初创公司而非业务稳定的大公司。这是有悖常理的。大公司拥有更多的资源、人力、时间以及抗风险能力，而初创公司几乎一无所有。那么为什么大公司的创新会失败呢？克莱顿·克里斯坦森（Clayton Christensen）的《创新者的窘境》（*The Innovator's Dilemma*）（https：//www.amazon.com/Innovators-Dilemma-Revolutionary-Change- Business/dp/0062060244）和杰弗里·摩尔（Geoffrey Moore）的《跨越鸿沟》（*Crossing the Chasm*）（https://www.amazon.com/Crossing-Chasm-3rd-Disruptive-Mainstream/dp /0062292986）都讲述了一个由数据支撑的、令人信服的故事。在开发的初始阶段，创新产生的回报很少甚至不产生回报。在大公司里，创新性产品往往要与公司最好的产品进行竞争。从这个角度看的话，创新似乎更适合初创公司，而与大公司已有的回报渠道不兼容。小公司要努力创收，在成熟市场上与大企业同台竞争绝非上策。小的初创公司没有足够的资源开发出市场需要的具有竞争力的产品。因此，初创公司的生存之道自然就是创新。

新技术是原始的、粗糙的，看上去对新市场并无吸引力。克莱顿·克里斯坦森教授以小型**硬盘驱动器**（hard disk drives，HDD）为例对此进行了阐述。在大型硬盘驱动器时代，人们将其当作行业标准。小型硬盘驱动器在理论上有意思，但在实际中却不可用，因为当时硬件只支持大型硬盘驱动器。大型硬盘驱动器容量更大、速度更快、可靠性更高。当个人计算机市场形成时，小型硬盘驱动器立马得到了更多的青睐。能耗与尺寸大小是个人计算机用户关心的参数。新的投资涌向小型硬盘驱动器的开发。没过多久，小型硬盘驱动器在容量、速度和可靠性方面就超过了大型硬盘驱动器。上一代的硬盘驱动器已经远远落后了。五年前还很稳定的大公司将市场拱手让给了拥有新的先进技术的公司。

在大公司开展创新型项目很容易，但是完成项目则有些困难。对于公司的短期、中期目标而言创新可有可无，因为它不能带来收益却又需要巨大投入。但是，将创新带入大型组织也并非不可能。本章稍后将讨论如何将想法转变为大大小小组织的实际业务。

7.2.1　市场的游戏规则

数据科学还只是一个具有巨大潜力的新兴领域。很多专家认为，即使不开展新的研究，只要将近十年涌现的新技术加以集成，仍然可以领先 20～30 年。但是，研究项目与广泛应用技术之间存在巨大的鸿沟。以硬盘驱动器为例，一个研究项目需要不断完善其功能，才能在与对手的竞争中胜出。

数据科学运用机器学习、深度学习和统计学的研究成果，形成解决现实问题的软件产品。为了让软件可用和广泛适用，还需要投入大量时间。软件工程师、数据科学家和其他技术专家的时间都需要支付费用。软件要能赚钱，就必须能解决人们的问题。软件产品要能给人们带来有价值的东西。当这个价值大到足以维持正常的需求时，才算开辟了新的市场。市场遵循供求法则：人和公司用金钱交换产品和服务。

在初创期，大型组织要么开拓了自己的市场，要么参与了已有市场。市场不断成熟，最后如同人一样老化、消亡，留下新的市场继续存活。身在行将消亡的市场里的公司如果不转向新兴市场的话，终将不复存在。

7.2.2 开拓新市场

开拓新市场既复杂又充满风险。如果花很长时间而且耗费太多的资源去测试一种想法，那么注定会失败。风险大，所以测试想法时应该快而简单。这种测试将有助于吃一堑长一智，不断迭代，不断改进产品。快速失败和通过想法测试不断吸取教训是精益创业方法论的精髓。这种模式很简单：尽可能探究更多的想法，反复完善产品以迎合市场，并提升对服务的需求。这一过程的关键特征是速度。

大公司很难快速反应。冗长的运行环节和繁重的组织流程随着公司规模的增长日甚一日。没有那些重要的手段，公司可能就无法运转。尽管如此，创新无法容忍漫长的周期。失败的代价会随着实验时间的延长而增大，这使得大型业务的创新代价尤为高昂。

对组织而言，数据科学仍然是一种创新活动，大多数市场利基尚未被开发或发现。虽然创新很难，但并非不可能。本章的后续章节将介绍如何通过在大大小小的企业实施创新管理，实现新技术的掌控。

7.3 探究创新管理

创新在本质上是非常随机的。创新者需要实验和尝试，但无法预测最终结果，而且难以确定最后期限。创新的这些特性决定了很难在实际业务环境中实现创新，因为实际业务都有着明确的目标、严格的期限和有限的经费。创新管理提供了一套规范创新不确定性的技术。管理一词与直接控制相关联，但创新中的管理并不是控制的意思。自由对所有创新都至关重要。从头到脚的监控是得不到任何好结果的。创新管理是指提供支持并将创新融入已有业务，从而产生有用的结果。

为了理解创新管理的主要思想，首先应该了解创新的类型，即维持性创新和颠覆性创新。

- **颠覆性创新**（disruptive innovation）是大多数人对创新一词的理解。颠覆式创新会给市场带来巨大的变化。它会引入一些新的而且技术又成熟到足以开创新市场的成果。iPod、iPhone、IBM 个人计算机以及电灯泡都是颠覆性创新的成果。
- **维持性创新**（sustaining innovation）让人感觉更加**有机**（organic）和**渐进**（incremental）。操作系统的新版本、社交网站的用户界面以及 iPhone 的升级版等都是维持性创新的成果。维持性创新的目标是通过加入一些新功能以保持竞争力，而这些新功能能够吸引客户不至于购买对手公司更有魅力的产品。

维持性创新会一点一点地拉大与竞争者之间的差距，而颠覆性创新则会改变人们的生活和工作方式，从而开拓新市场，淘汰旧市场。在外行看来，颠覆性创新似乎是突如其来的，实际上它们并非灵光一现。《创新者的窘境》列举了很多在小众市场中成长的颠覆性创新的例子，其中创新性产品的功能对非常特定的用例更具吸引力。稳定的收入来源可以保证创新性技术发挥其潜力，而提供过时产品的公司是看不到所在市场上的直接竞争的。当新产品横空出世时，已为时晚矣。

数据科学本身既不是颠覆性创新，也不是维持性创新。它是用来产生这两种创新的一套工具。特别是，自动驾驶汽车是一种颠覆性创新产品，而更精准的推荐引擎则属于创新管理中的维持性创新。

在风险方面，产生颠覆性创新是一项艰险且需长期投入的事情，而产生维持性创新在任何成功的企业中都应该是一个稳定且经充分研究的过程。

可以通过下列生命周期模型对比两种创新：

（1）**搜寻**（search）：在此阶段，公司寻找可实验的创意想法。

（2）**构建**（build）：在此阶段，公司构建原型，开展实验，并测度结果。

（3）**拓展**（scale）：构建阶段给出了有前途的努力方向，因此在此阶段，公司要进行拓展，将原型产品转化为市场产品，并开始获得收益。

（4）**扩张**（expand）：任何创新都会使市场饱和。在此阶段，公司向新市场拓展其产品，以保持增长率。

（5）**维持**（sustain）：在此阶段，创新已成为一项稳定的业务。有些公司在维持阶段可以存活数十年。但是，风险随之而来。当前的市场地位并不是恒定的、不可减少的收入来源。如果不进行长期投入，市场很快就会饱和。每一分钟的停滞不前都会给竞争对手创造实现颠覆性创新的新机会，从而导致自己被挤出市场。维持阶段是一面信号旗，它警示公司需要回到**搜寻**阶段，以重新开始。

颠覆性创新的另一个重要特点是**鸿沟**（chasm）。在《跨越鸿沟》一书中，杰弗里·摩尔给出了图 7.1 所示的著名的市场采用曲线（market adoption curve）。

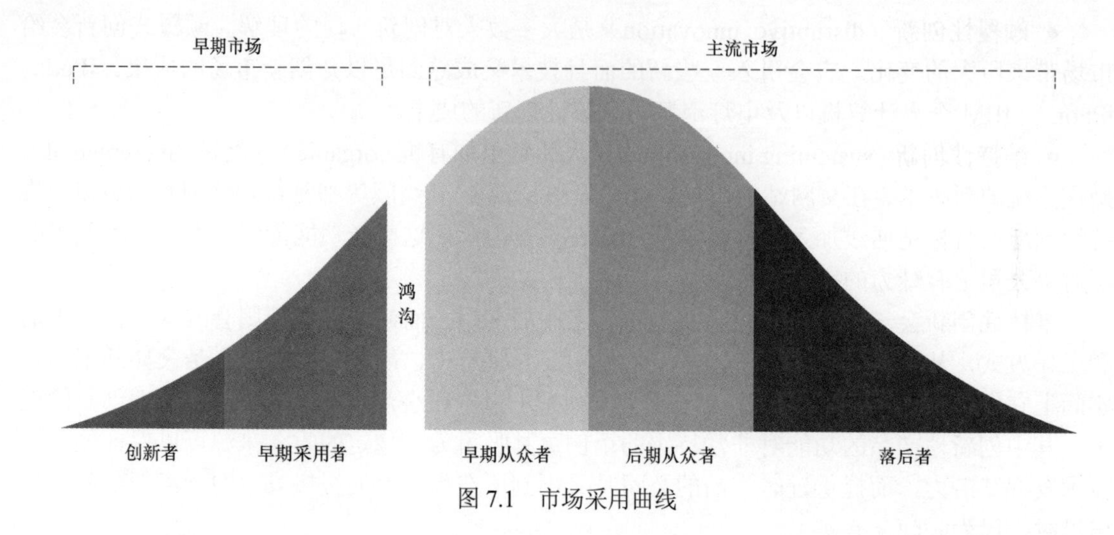

图 7.1 市场采用曲线

新技术能够在早期市场中快速找到貌似稳定的收入来源，因为早期市场由舍得为有风险的、未经测试的、实验性的但有前途的方案投资的公司组成。很多组织认为，早期市场能够顺利地过渡到主流市场，早期市场能产生足够的收益，因此它能创建对主流市场有益的新功能。但是，实际情况并非如此。早期市场与主流市场之间的差距比看上去的要大得多。早期市场饱和后，公司就跨入了鸿沟。它的产品对于主流市场而言并不成熟、完善，主流市场的客户需要的是功能齐全、性能稳定的产品。因此，公司被迫承受收益流减少的压力，而它的产品需要大投入才能创造出主流市场所要求的功能。

为了跳出鸿沟，公司必须集中力量专攻特定的应用领域，力求用产品的最佳功能弥补其现有的缺陷。其目标就是找到一个虽小但可靠的商机，并全力以赴地进行完善。这就将产生一个小众市场，使得产品在成功故事、功能性、客户推荐和新收益流的加持下得以推进。在小众市场上取得持续的成功将能提供必要的资源和时间，以拓展出更成熟的市场。

下面介绍一个虚构公司 MedVision 的案例。

7.3.1 案例：MedVision 的创新周期

这里以 MedVision 为例。这是一家虚构的人工智能创业公司，该公司致力于将计算机视觉技术应用到医疗设备和医院。在**搜寻**阶段，他们确定了医疗领域深度学习的应用研究。

MedVision 专家还进行了市场分析研究，并确定了四个潜在的努力方向：

- 利用 X 光图像诊断肺癌。
- 分析可穿戴设备采集的数据，以检测心脏病发作和其他危险的健康状态。
- 利用患者病历开发诊断助手系统，帮助医疗专家在考虑患者数据的同时识别和分类疾病。

- 分析瞳孔运动、脑电图以及脑部扫描图像，识别和分类精神疾病。

从商业角度来看，上述想法看上去都很有前途，也有明确的市场基础，即希望提供/知悉更精准、更低成本的医学诊断结果的医生/患者。

在**构建**阶段，MedVision 团队开发了几个原型，并将其展示给潜在买家。同时，团队还进一步深化了自己的知识，研究了每个想法的覆盖领域。在构建阶段，还发现了团队在搜寻阶段未能察觉的一些未曾预料的问题，包括：

- 癌症检测受制于不良数据质量。很多数据集包含需要手工清洗的倾向性图像。在原型构建阶段，MedVision 的模型在最终验证测试集（holdout test set）上取得的 *F*1 分类得分为 0.97，而在新获取数据的测试集上表现为失败。MedVision 用于模型训练的数据集存在偏差：关于癌症发病率的 X 光图像是用一台在扫描图像上留下标记的扫描仪获取的。模型采用最简单的策略进行癌症分类：识别标记。这就造成了较大的模型偏差。另一个偏差源隐藏在所有 X 光图像都有的时间戳里。结果就是，癌症患者更可能是在周二和周五拍 X 光片的，因为医院就诊安排就是这样的。MedVision 团队正准备在为真正的病人解决癌症分类问题时处理这些问题。团队认为偏差问题可以解决，不应该成为想法实现的障碍。
- 可穿戴设备采集的数据看上去可以用来很好地预测心脏病发作和跌伤。尽管如此，数据获取仍是一个大问题。在 MedVision 业务网络中，只有十分之一的医院说他们有可穿戴设备的数据，只有两家医院计划未来五年给他们的患者提供可穿戴设备。由于可穿戴设备在医疗行业中采用率不高，MedVision 决定取消这个想法。
- 由于数据收集困难，利用患者的病历来诊断疾病是一项极具挑战性的任务。对来自三个医院的数据研究表明，30%的患者病历本是纸质的。格式是统一的，但大多数内容是人工填写的。为了检验利用病历来诊断疾病这一想法，MedVision 团队需要建立可靠的笔迹识别系统，对大量的文本信息进行结构化处理和错误订正。这个过程需要花费大量时间，还需要新增两名笔迹识别和自然语言处理方面的专家。在数据研究过程中，有消息说有家大公司在这个方向遭遇了失败。MedVision 决定不再在这个方向继续投入。他们认为风险太大，无法继续原型构建阶段的工作。
- 精神疾病分类问题让 MedVision 的几位深度学习专家着了迷。这个想法很新颖，虽然没人做过，但很有前途。进一步的研究表明，当前精神病学的诊疗方法依赖于患者的自述和外部条件，而不是医疗设备的检测。虽然研究人员在这个方向上取得了重大成就，但精神病学诊疗手册尚未采纳相关的研究成果。事实上，为了解决这个问题，MedVision 也需要在两个领域取得突破：精神病学和数据科学。这个想法看上去更像是一个研究项目而非产品开发项目。他们需要吸引长期投入和专业人员，以及精神病学与心理治疗专家。这个想法是变革性的：为了实现这个想法，MedVision 需要将自己这样一个商业机构转型为一个研究机构。

所有的团队成员都认为，如果不变更公司的目标和投资人，他们就无法完成这个项目。他们将自己的选择形成文书，并决定如果公司规模能够为长期研究项目提供充足资源的话，就再回来考虑这个想法。

MedVision 团队最终决定继续癌症检测项目。他们已经找到两家对他们的解决方案有兴趣的医院：奥克兰医院（Oakland Hospital）和癌症预防中心（Cancer Prevention Center）。该团队还找到了一家医疗研究机构，如果他们在真实患者身上的首批测试取得成功的话，该机构将提供额外的资助。

一年之后，MedVision 的系统在奥克兰医院获得成功应用。第二个项目被中途取消，因为癌症预防中心想要开发产品的独占权，这大大限制了 MedVision 扩大销售市场的权利。

癌症检测系统首次成功部署后，MedVision 和奥克兰医院就有机会将他们的成功故事发布给主要的新闻媒体。这为 MedVision 团队开始扩张提供了机会。他们扩充了销售部门，开始吸引新的客户来试用系统。大量的新功能需求朝着 MedVision 团队铺天盖地而来，所以他们招聘了一名产品经理来研究市场，并对新功能的交付进行分类、排序和管理。其他几家竞争对手循着 MedVision 的成功轨迹也杀入了市场，因此团队切换至维持创新模式，致力于维持市场的领先地位。

投资不断增多，因此成功运行了若干年之后，MedVision 团队为他们的客户群开发了一款新产品。他们通过搜寻新的想法，开始推动公司的变革转型，以期找到一些合适的领域，开启第二轮的颠覆性创新周期。

下面将介绍将创新集成到现有业务的可能途径。

7.3.2 集成创新

创新需要实验与尝试。新方法往往会失败，但失败并不意味着结束。失败只是意味着必须吸取经验，从错误中习得教训，然后尽快从头再来。而在成熟的公司，他们的流程和最佳实践可能令人觉得这样的所作所为简直不可理喻，这样的行为将是破坏性的，并且违背公司的价值观和目标。之所以有这样的感觉，原因就在于成熟公司的大多数业务都设定为维持性创新。现有的价值观、目标和 KPI 对颠覆性创新的反应就好比免疫系统面临病毒时的反应：采取防御性行动。这就是大多数**研发**（research and development，R&D）部门在公司里活得很艰难的原因。他们追求的目标与他们所在公司的价值观格格不入。为了更好地将颠覆性创新融入大公司，需要尝试在公司内部引入另一个独立的业务实体。

要做到这一点有不同的途径：

- **并购公司**（acquisition）：并购一些已经跨越鸿沟的公司。这种途径的主要挑战是整合被并购的公司。为此，需要认真地完成技术整合和组织整合，以使其不会影响新并购的产品和团队。

- **独立实体**（separate entity）：创建一家分支公司，从母公司获得财政支持。这种途径的主要挑战是代价大、风险管理，以及抵制彻底管控的决心。对此，要实事求是地评价公司的潜力，以开创和组织一系列目标在于实现长期发展颠覆性技术的新业务。
- **独立部门**（separate department）：这是创建创新团队最难的途径。这种途径的主要挑战是为现有公司设定新的目标和价值观。

从创新的角度认真思考数据科学项目，益处多多。机器学习和深度学习可以产生维持性创新和颠覆性创新。创新管理可以提供更大的空间，助力主要策略在市场上取得成功。不进行集成创新的组织会被竞争对手超越。人们很容易抱怨技术不够成熟，或者抱怨专家不如竞争对手，等等。在这样做的时候，很多公司却往往忘了审视他们在开辟新技术相关的市场时所采取策略的有效性。数据科学解决方案需要稳定的组织基础，也需要创造收益的行动计划。创新管理能够兼而管之。

毫不奇怪，创新管理需要应对很多失败。失败不是单向的，为了避免失败，需要寻求不同领域专业技术和知识之间的平衡。下一节将探讨数据科学项目风险管控的三种主要思路。

7.4　销售、营销、团队领导方式以及技术

为了在数据科学项目管理领域取得成功，需要在不同的专业之间寻求平衡。数据科学项目经理每天都在销售、营销和优化等任务之间反复权衡。但是，难道他们不应该最关心数据科学吗？因为数据科学项目涉及方方面面，需要频繁进行交流沟通。要了解在业务环境中工作的技术专家实际工作所花的时间。平均来说，软件工程师会说他们花 2～3 小时编写代码。在剩下的六个小时，他们要参加会议、编写或阅读文档、整理票据以及讨论技术方案。数据科学家要花费很长的时间讨论数据定义、指标选择以及所建模型的业务影响。

数据科学家耗费时间的领域令人困惑：

- 开发解决方案的最复杂部分。
- 代码评审。
- 工作计划、票据管理和任务定义。
- 技术栈与工具化。
- 员工。
- 应用性研发（R&D）。
- 绩效评价。
- 指导。
- 培养成长型思维和为员工准备自我发展计划。

- 面向市场适应的技术完善。
- 制作演示文稿。
- 工作谈话。
- 编写书面材料。
- 拓展网络，检查连接，为技术的潜在 B2B 应用做准备。
- 调查竞争对手目前的产品。
- 发现可能的技术核心点
- 寻找新用例，提炼已有用例。

可以通过将各种活动归为四类，对上述列表进行简化：

（1）**技术领导力**（technical leadership）：与数据科学、编程和开发过程组织相关的活动都归于此类。

- 开发解决方案的最复杂部分。
- 代码评审。
- 工作计划、票据管理和任务定义。
- 技术栈与工具化。
- 应用性研发（R&D）。

（2）**团队组建**（team building）：与团队相关的活动归于此类。

- 绩效评价。
- 指导。
- 培养成长型思维和为员工准备自我发展计划。

（3）**销售**（sales）：有助于销售产品或服务的所有活动归于此类。

- 面向市场适应的技术完善。
- 制作演示文稿。
- 工作谈话。
- 编写书面材料。
- 拓展网络，检查连接，为技术潜在的 B2B 应用做准备。

（4）**营销**（Marketing）：与市场和基准定位相关的活动归于此类。

- 调查竞争对手目前的产品。
- 发现可能的技术核心点。
- 寻找新用例，提炼已有用例。

在组建好的团队中，每个管理领域将有一名专职专家。在一个数据科学已经产生影响的组织中，往往会有跨职能的产品团队，其专家都承担一个或两个角色。这与刚刚启动数据科学项目或正在努力形成利用高级数据分析和预测性建模业务的组织大相径庭。后者的团队里，数据科学项目经理更可能独揽关键管理事务，如果不是，也会承担其中的大部分角色。

在日常工作中管理各种情况，不仅仅对新成立的数据科学团队有用。转换不同情境可以开拓视野，指引技术、团队和业务的发展方向。下面简单讨论四个关键的管理领域，并将其与数据科学的特点结合起来。

技术领导力和团队建设对任何数据科学项目经理来说都是关键活动。一方面，需要确保项目是利用正确的工具实施的，而且项目可以实现客户的目标。另一方面，需要关心团队激励和长期改进。提倡成长型思维和团队均衡发展是开发更好技术的坚强支柱。

团队需要持续不断的工作流程。即使公司有专门的销售部门，也需要先将想法兜售给他们。如果数据科学在公司里是相对较新的事情，销售人员虽然熟悉公司现有的产品，但他们并不知道如何向客户推介数据科学解决方案。那么，一方面需要知道自己如何做。另一方面也需要用销售的语言指导销售部门了解数据科学解决方案。这对于内部销售也是需要的。例如，当数据科学部门优化内部业务流程时。这在银行、互联网公司是再常见不过的。在这种情况下，数据科学经理需要寻找想法并使其有吸引力和易于理解，确定相关方以及完成内部销售，以便为项目争取经费预算。没有销售，即使再优秀的团队和再牛的颠覆性技术也将一事无成。从销售人员的角度审视自己的职责，可以开拓无数的机会，因此必须牢记。

如果销售部分的工作进展顺利的话，就会遇到很多的机会，每个机会都需要团队投入大量的时间。有些机会很实际，它与团队的技术和专业知识相匹配，而有些机会则不具有太大的吸引力。这就到了营销的阶段，以便在机会的大海中明确方向。从市场、需求和产品的角度思考问题有助于把握最佳的工作方向。每完成一个项目，团队的技能和技术就将更接近某些机会而远离其他机会。营销就是以最有前途的方式进行搜索，并朝着技术满足市场需求的方向发展，从而创造的新价值。

从不同的角度审视所开展的工作，不仅富有启发性，而且对个人和公司都有益。人们并非生活在一维的世界里，应该要看得比当前主要的工作职责更为长远。要试图综合看待面前的四项任务：团队管理、技术领导力、销售和营销。要谨记与时俱进，如此团队就会拥有发现、促进和收获创新的各种必要因素。

7.5 大公司的创新管理

7.5.1 大公司的创新管理简介

大多数公司已经了解了数据科学的变革性力量。没有人愿意在竞争中落后，因此公司纷纷成立内部的数据科学与研发部门。在这样的环境中工作很有挑战性，因为会被有些人视为创新推动者而被其他人视为搅局者。创新往往会对公司现有的业务流程造成重大改变，而很多人并不情愿看到这些改变成真。

对现有业务进行颠覆性创新是一个很艰难的过程。为了增大成功的机会，应该拥有以下条件：

- **组织力量**（organizational power）：需要直接或间接的组织力量来实现改变。
- **迁移计划**（migration plan）：需要完整描述目前（集成前）和未来（集成后）的业务流程。也需要制订一个迁移计划，以指导从目前的流程切换到未来的流程。
- **成功准则和集成策略**（success criteria and an integration strategy）：对整个业务流程进行彻底变革以及快速融入创新是极具风险的策略。应该明确项目的可量化成功准则以及在最糟糕情况下控制损失的风控策略。
- **开放式过程与清楚的解释**（open processes and clear explanations）：每个受业务流程迁移影响的人都需要透明、清楚地了解发生了什么以及对他们工作的影响是什么。
- **参与创新集成**（involvement in integration）：需要有人帮助描述当前的业务流程和制订迁移计划。这方面没有比那些已经经历过当前业务流程的人更合适的了。找到参与了现有业务流程日常维护的人，并确保他们能够参与制定成功准则和集成策略，以及对业务流程迁移的解释。

下面介绍一个关于零售业务创新管理过程的案例。

7.5.2 案例：零售业务的数据科学项目

此案例将关注数据科学经理卡尔（Carl），他在一家虚构的零售公司工作。卡尔和他的团队已经提出了一个提高货品现货率（availability of on-shelf goods）的原型方案。该方案将监控来往于各商铺的物品，提醒商店员工在货架无货时及时补货。公司管理层要求卡尔将原型方案进一步补充完善，将其落实到现有的现货供应业务中。

按照现有的业务流程，每家商铺配备两到五名供货经理，他们通过智能手机里的应用 App 人工检查商铺的每个货架。App 会显示每个货架上的实时货物位置，但是经理需要人工检查货物是否在。检查完毕，经理要记录所有缺货的情况，然后去商铺的仓库取货，并放到货架上。

首先，卡尔请公司主管领导将他介绍给负责统计所有商铺现货率的人。结果，卡尔见到了一位负责相关业务的执行主管，他负责管理物流、配送和货物现货率。卡尔早已准备好了一份内容翔实、描述试点项目的报告。他向公司领导说明，他需要执行主管帮他一起确认系统需求，以确保系统能集成到现有的业务流程中，因为执行主管具备这个组织能力。现有的业务流程有详细的文档介绍，每一步都规定了一个专门的业务角色。为了制订迁移计划，他们走访了运行目标流程的专家。卡尔给专家们介绍了目前的原型方案，并且记录了专家们关于如何完善技术以便顺利集成到工作流程的意见。每项新功能都给未来实施的项目增加了新的工作内容。伴随新功能和新想法而来的，自然是业务过程的变更。有一些变更是有矛盾的、定义不清的，因此卡尔为该项目指派了一名业务分析员，让他将迁移计划整理成一份条理清楚、逻辑连贯的文档。

之后，卡尔将结果向执行主管做了汇报。新系统的集成大大改变了现有业务流程。以前，负责监控现货情况的商铺经理要亲自前往商铺，检查货架上的现货情况。现在，这项工作完全可以用每个货架附近安装的可携带摄像头实现自动化。商铺经理利用移动应用程序收到任务通知，每项任务包含货物存储位置、数量以及货架位置等精确信息。该应用程序实现了任务批次化处理，并制定了商铺与仓储之间的最优路线。因为所有商铺的现货经理都有智能手机，因此集成起来简单易行：用户只需要在手机上升级 App，熟悉新增功能即可。

卡尔提出的集成策略，其关键思想是先在一家商铺测试系统。如果该商铺只需目前半数的现货管理人员就能处理所有工作的话，这个测试就算成功。这样，项目就有了可量化、可测度的成功准则。如果第一个测试获得成功，那么系统就可以推广到更多的商铺。这个过程可以不断重复，并迁移到所有的商铺，从而都切换到未来版本的业务流程。

显而易见地，系统集成完成后，各家商铺需要的现货经理减少。为了使这个集成过程更开放、解释更清楚，执行主管为那些系统上线之后就不再需要的员工设计了一份专门的培训计划。其他部门还在努力地寻找新人，那么人员再分配就是令人感兴趣的选项。卡尔团队也开发了一个详尽的在岗培训课程和教程应用程序，教用户如何使用新的 App。

在大型组织中，创新生命周期比其他一般项目的周期要短得多。由于实验速度快，失败的风险增加，因此短期之内耗费也多得多。这使得在大公司中实现创新很难。已有的中短期价值观和目标会拒绝创新，如同免疫系统拒绝病毒一样。重要的是，要给予现有业务的研发部门和创新部门组织和财力方面的支持。如果将创新团队当作公司里的公司的话，他们工作的效果会最佳。尽管一般的业务更适合具有多层级部门和管理链条的组织结构，而创新则最适合组织晋升阶梯很高但从员工到顶级管理者只有一两级的情况。

下节将介绍如何在初创公司管理创新。

7.6　初创公司的创新管理

在初创公司，会感觉创新比在大型的、缓慢发展的公司更自然、更容易。但是，初创公司与成熟的公司有着重大差别。初创公司承受不起接二连三的错误。稳定的资金流允许大公司同时测试很多的想法，而初创公司往往只能局限于某一个方向的发展。

鸿沟概念对初创公司至关重要。初创公司的主要目标是找到新的市场，在那里它可以自主成长，创造未曾存在的价值。实现想法和技术与市场需求的匹配，需要进行大量可量化的实验。采用《精益创业》和《跨越鸿沟》中倡导的可测度方法，非常重要。

《精益创业》建议尽早在市场上测试每个想法和功能。开展实验、收获反馈对于初创公司而言很关键，因为每个选择都决定了未来的发展。越早收到市场对产品的反馈，就能越早进行改变和修正，否则为时晚矣。拥有丰富研发经验和大笔资金的公司可以测试计算机视觉、自然语言处理和强化学习等方面的想法，以谋求长期收益。他们甚至会成立完整的分支组织，专门进行新想法的测试。另外，由于利润预期较低，致力于计算机视觉的初创公司将很难转向自然语言处理。

为了存活，初创公司应该组织精干、行动快速、反应敏捷。利用市场这个镜子审视想法是小而有抱负的公司的生存技能。不正确地考虑经济性，即使最好的想法也无法存活多久。因为在早期采用者和早期从众者的期待之间存在着巨大差距，所以初创公司应该尽量聚焦于一个重点，以争取满足利基客户群的需求。在本章前面所举的例子中，MedVision开发了肺癌分类器。他们充分考量了几个候选方案的市场需求，确定癌症分类是最有前途、最现实的用例。短期内，他们计划完成几个成功应用，以期吸引投资和新客户。长期内，他们计划收集市场反馈，扩充系统功能和医疗设备种类，并扩充可诊疗的疾病清单内容。关键的想法是，通过开展实验和收集可量化的反馈来调整和完善产品，以更好地满足市场需求。

下节将探讨发现能充实数据科学项目的想法的若干方法。

7.7 发现项目想法

在开发第一个原型方案之前，需要找到有发展前途的想法。为了产生想法，可以从以下两个出发点之一着手：业务或者数据。

7.7.1 从业务发现想法

如果在成熟的公司中工作的话，发现想法的首要而且最明显的办法就是询问管理层的需求。将数据科学专业知识与深度领域知识相融合，可以实现管理层需求与数据科学团队能力的匹配。但是，客户自己很少意识到存在什么问题。征求管理层需求这种方法，最可能得到的回应是“*我们知道这个问题了，已经在着手解决*”。

当然，偶尔也会遇到一两个问题摆在自己面前。否则，就需要深入了解公司的业务。首先，应关注的是关键的创收环节。要弄明白他们是如何工作的。然后，标明所有步骤是人工的、部分自动化的还是全自动化的。改进现有业务流程的两个关键环节是人工步骤的自动化和自动化步骤的改善。

对于人工步骤，要研究它们为什么仍然是由人工完成的。人工劳动会产生大量的数字化数据，可以用于训练模型。表单确认、表单填写和客户支持是用数据科学解决方案替代重复性人工劳动的最常见的情况。

对于自动化和部分自动化的步骤，要研究实现这些步骤的 IT 系统。首先要了解数据源：数据库、数据仓库和文件库。然后考虑将机器学习模型部署在哪里才能够改进相关步骤。例如，评分、风险管理以及算法式营销等。

分析现有业务流程的最佳方法是找到以下步骤：

- **产生数据**（generates data）：此流程或该过程的前序步骤应能不断地产生可为模型所用的数字数据。
- **关键业务**（is business-critical）：任何改进都应该为客户产生直接的业务价值。价值提升永远是一个有力的卖点。
- **数据科学的潜在应用**（has potential applications for data science）：可以利用数据构建提供洞见或自动决策的算法。

在 B2B 环境中工作时，利用现有业务流程为数据科学项目发现有前途的想法是一个行之有效的方法，有助于深化领域认识，并发现最有价值的改进之处。

接下来介绍如何从数据中发现想法。

7.7.2　从数据发现想法

7.7.2.1　从数据发现想法简介

产生项目想法的另一种办法是直接关注数据：

（1）创建所在公司的数据源地图。有时，这些信息业已存在。否则，团队应该做一些研究，并重建公司的数据架构。利用数据地图，可以确定最大、最完整的数据源。

（2）按照数据量和数据质量对数据源进行排序，并快速确定不同的数据库是否可以进行数据合并。其目标是给未来的研究准备若干出发点。

（3）深入研究所选择的数据源。确定可用于构建监督或非监督模型的数据集。此阶段无须构建任何模型，只需写下所有想法，越多越好。记下这些想法之后，再看看哪些想法可以带来新的业务价值。

这种寻找想法的方式虽然有风险且比较耗时，但也非常具有创造性。其成功的概率比前一种方法的低，但如果能够从数据自下而上地找到一个可行的想法的话，就更有可能把握住独一无二的数据科学用例，从而提升竞争优势和产生新的业务价值。分析业务流程的方法更适合寻找维持性创新，而分析数据源的方法可以挖掘出颠覆性想法，也就是变革性想法。

偶尔，有些人会提出真正独一无二的想法。既没有利用任何数据，也没有考虑业务，单纯就是一个吸引人的想法。颠覆行业的变革性想法往往融合了多个乍一看没有什么紧密联系的领域：

- 医疗+计算机视觉和机器学习=患者的自动疾病风险分析。
- 汽车+计算机视觉=自动驾驶汽车。
- 呼叫中心+深度神经网络=基于语音识别与生成的全自动对话系统。

如果有产生上述想法的定式，那么它们将不再罕见和令人惊奇。其实增加发现新想法机会的唯一方法是获取不同领域的大量知识和经验。

如果自觉已经有了一个有前途的想法，请不要冲动。先将其记下来，然后再研究它。

（1）查找市场上已有的相似产品。很可能就会找到几个至少有点相似的产品。

（2）收集并对竞争对手的产品功能进行分类。

（3）写下每个产品背后的核心业务模型。

（4）将所收集的功能分成若干类：

- **最佳功能**（best feature）：无人做得更好。这是该产品的独特功能。这个功能往往决定着购物量。
- **核心功能**（core feature）：大多数竞争对手都很好地实现了这个功能。
- **基本功能**（basic feature）：这种功能是最基本的。很多竞争对手的这个功能都更完善。
- **缺失功能**（lacking feature）：产品没有的功能。

（5）通过描述产品功能来进一步落实想法。明确产品轮廓，确定与众不同的功能。

（6）思考产品的业务模型。它如何与市场上的其他产品联系起来？

如果在市场上找不到竞争对手，或者可以预见自己的产品能轻而易举地将竞争对手排除出市场，那么就有机会创造一项颠覆性技术。谨记，将颠覆性创新推向市场需要周密的计划、专注以及跨越鸿沟的策略。

接下来将介绍一个关于在保险公司发现想法和管理数据科学项目的案例。

7.7.2.2 案例：为保险公司发现数据科学项目想法

该案例考虑的是一家虚构的 Insur 公司，瑞克（Rick）最近被提拔为它的数据科学部门领导。数据科学是该公司的一个新领域。他们已经尝试着开发了几个原型方案，但都没有投入生产。瑞克的首要任务是找到一个对公司有益且有利可图的数据科学用例。

瑞克已经知道公司的主要收入渠道是卖保险单，而主要的损失是因为保险索赔。Insur 公司提供健康、房地产和汽车保险业务。公司最主要的产品是汽车险，其占收入总额的 75%。瑞克深入了解了汽车保险业务部门的流程。

首先，他了解了新保险单的业务流程，如图 7.2 所示。

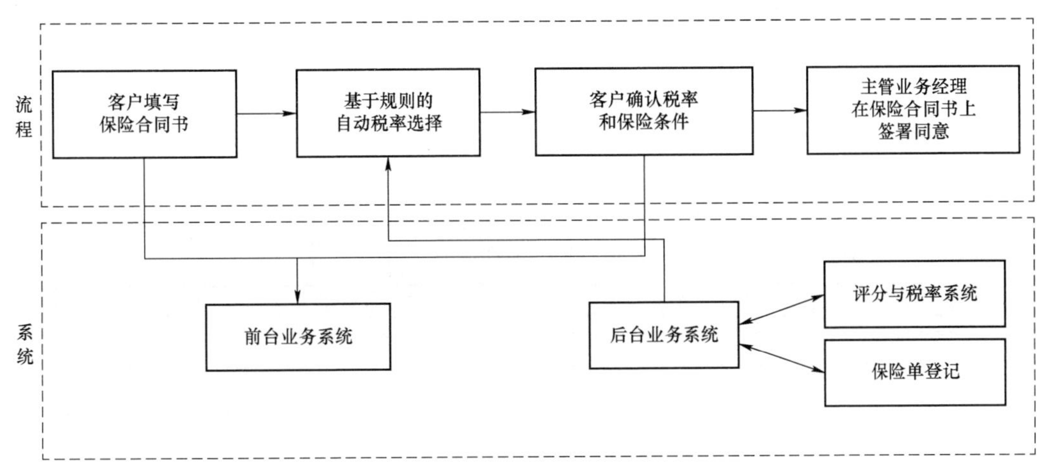

图 7.2　新保险单的业务流程

业务流程由四个 IT 系统支撑：

- **前台业务系统**（front office system）：这是用于 Insur 公司所有办公室的保险咨询用户界面系统。该系统存储的数据不多，相比**后台业务系统**，它只是个功能有限的轻量化用户界面。
- **后台业务系统**（back office system）：用于管理与保险合同相关的所有数据。后台业务人员利用该系统确认和处理新的合同。
- **评分与税率系统**（scoring & tariff system）：这是后台业务系统的一个附加模块，用于获取保险合同数据，并根据一组规则为客户找到最匹配的税率。
- **保险单登记系统**（insurance policy registry）：这是存储所有保险合同相关数据的中心数据仓库。

瑞克想研究一下盈亏流程，但是这个流程只包括盈利环节。损失由另一流程即保险索赔流程管理，如图 7.3 所示。

保险索赔业务涉及的 IT 系统几乎与保险合同业务所涉及的一模一样，除了多出一个**索赔处理**（claim processing）系统。专职经理利用这个软件验证索赔，安排受损车辆的现场调查事宜。该系统也能甄别欺诈索赔。欺诈检测过程基本上是人工的，但是系统也实现了一些简单的基于规则的检测模块。

瑞克决定改进**评分与税率系统**。利用用户数据预测潜在的索赔，可以改进风险识别与合同定价。风险更高的客户将收到更贵的税金账单。瑞克组建了一支团队，并着手利用保险单登记系统、后台业务系统以及评分与税金系统的数据开发新的评分算法的原型。公司计划采用二元分类器，以估测每位新客户提出正当索赔的概率。车险部门的人员已经熟悉了假阳性误差（误报）和假阴性误差（漏报）的概念，所以他们用混淆矩阵表比较新旧评分算法的性能。业务部门不愿采用更复杂的类似 $F1$ 评分的指标，并建议直接从混淆矩阵表计算利润的增长。

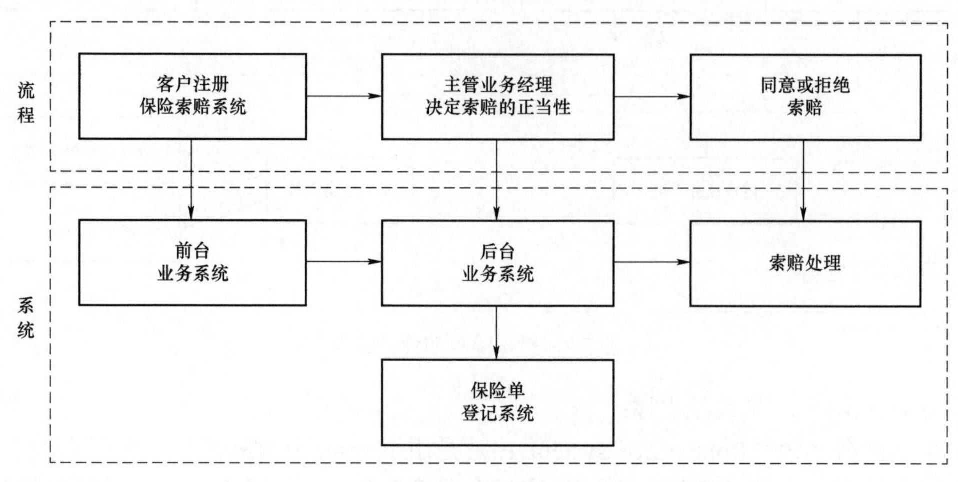

图 7.3 保险索赔流程

经过为期三周的原型制作后，瑞克团队开发了一个分类器，该分类器比目前基于规则的评分与税金系统算法更好。他们将预测结果发给业务部门进行评估。30 分钟之后，业务部门询问每项得分的解释。结果就是当前的评分系统生成了一份详细的季度报告，并将其发给检查公司所用评分模型正当性的监管机构。该模型应该完全能被人解释和理解。但是，为了取得高准确率，瑞克团队利用了拥有大量参数的黑盒模型，所以他们的模型没法满足这项要求。对此，逻辑回归等可解释模型更合适，但是这些模型的性能不如现有系统，因此也不适合部署应用。

瑞克意识到他和他的团队浪费了三周时间。对他的老板而言，这是个坏消息，瑞克被要求不得再犯同样的错误。

这一次，瑞克研究并整理了所有矛盾的需求。他通过询问汽车保险部门的同事来了解业务流程的每一个细节，并且通过整理文档进一步梳理所获信息，以提高自己的专业知识。通过研究，他证实了欺诈检测业务更适合迁移到机器学习模型：

- 没有政府法规和专门的汇报要求。
- 索赔处理部门加强了欺诈检测手段，因为这是他们主要的损失源之一。由于决策过程耗时，且每件索赔都需要检查，因此欺诈检测总体质量低下。
- 索赔处理数据库收集了大量数据。

主要的问题是，客户一旦被拒绝赔偿，他们需要详细的理由。这并非一句“*我们的模型*

认为您的保险索赔是欺诈行为，所以我们拒绝赔付”就能服人的。因此，瑞克提议公司只用一个算法进行欺诈检测。其想法是，开发一个机器学习过滤器，用于评价索赔是欺诈索赔的概率。如果该概率足够大，则会启动现有的欺诈调查流程。所有的索赔中只有 0.5%的索赔是欺诈索赔，因此如果该模型是准确的，那么将大大减少检查次数。

瑞克准备了一个解决方案框架，展示了新的欺诈检测系统如何实现以及如何将其集成到现有流程中。他会同所有业务相关方证实了他的想法。大家都同意了。他们采用的评估策略与评分模型相同。随后便启动了第二轮原型开发。最终，该模型被证明是成功的。瑞克被要求实现完整的欺诈检测模块，以便集成到现有的业务流程中。

7.8　本章小结

本章探讨了创新话题，阐述了如何管理创新。创新管理要求认真规划活动，从诸如销售、营销和技术领导力等不同角度将新想法与市场需求进行对照。

首先，本章描述了每个观点对有效的创新管理的作用。然后，本章介绍了大公司和初创公司集成创新活动的复杂性。数据科学对大多数组织而言是创新性活动，本章定义了若干用于发现项目想法并使之发挥作用的策略。

本章还讨论了三个案例，涉及创新管理相关的不同主题。第一个案例是“MedVision 的创新周期”，说明如何在实际的场景中应用创新周期。第二个案例是“在零售业务中应用数据科学”，讨论了大公司的创新管理。第三个案例是“为保险公司发现数据科学项目想法”，展示了利用结构化方法发现数据科学项目想法的重要性。

第 8 章将讨论数据科学项目生命周期，从而为数据科学团队构建和规划任务。

第 8 章　管理数据科学项目

第 7 章介绍了创新管理，讨论了发现数据科学项目想法并将想法与市场需求匹配起来的方法。本章将涉及数据科学项目管理的非技术方面，介绍数据科学项目是如何从一般的软件开发项目中脱颖而出的。本章还将介绍数据科学项目失败的共性原因，并探究降低数据科学项目风险的方法。本章最后将深入讨论项目估价的技巧和原则。

第 8 章将介绍项目管理的全过程，包含以下主题：

- 理解数据科学项目的失败。
- 探究数据科学项目全生命周期。
- 项目管理方法论的选择。
- 选择适合项目的方法论。
- 估测数据科学项目。
- 明确估测过程的目标。

8.1　理解数据科学项目的失败

8.1.1　数据科学项目失败的常见原因

任何数据科学项目最终都成为一个软件系统，要么生成定期报告，要么在线运行。软件工程领域已经提出了数不胜数的软件项目管理方法论，那么为什么还需要为数据科学项目提出新的专门的方法呢？答案是，数据科学项目需要更多的尝试与试验，要容忍比一般的软件工程项目多得多的失败。

为了弄清楚传统的软件系统与预测算法系统的区别，可以先了解一下数据科学项目失败的常见原因：

- **数据依赖性**（dependence on data）：管理销售流程的**客户关系管理**（customer relationship management，CRM）系统在很多企业都可以很好地工作，不管他们的业务是什么。预测销售结果的系统却可能只在某家企业用得好，而在另一家企业就需要对系统进行部分修改才能使用，或者完全不可用。其原因就是，机器学习算法依赖于数据，而各家企业有自己的客户数据模型和销售流程。

- **需求变更**（changing requirements）：软件开发项目往往会遇到需求变更，这些变更大多数是从客户传递到实施团队的。而在数据科学项目中，实施团队自己的新发现和研究结果就会形成一个反馈循环。项目相关方提出新的需求，会改变根据数据科学家发现的新信息而制定的项目路线。

- **数据变更**（changing data）：软件开发项目的数据模型大多数是固定的或者以某种可控的方式进行更改。数据科学项目往往出于研究的目的，需要与新的数据源进行集成。数据总是在不断变化和转换，并在系统内形成多种过程性的表达模型。人和软件系统利用这些表达模型完成报告编写、数据处理和建模。软件工程项目利用固定或缓慢变化的数据模型，而数据科学项目采用不断进化的数据流程（data pipeline）。
- **实验与研究**（experimentation and research）：数据科学项目要完成很多次实验，通常多达几百甚至几千次。软件工程项目通过设计系统架构并以可控方式进行演化来限制研究性的工作。在数据科学项目中，下一次实验可能就会将项目带往另一个方向，但没人知道什么时候会发生这种方向性的改变。

8.1.2　数据科学管理方法

传统的软件工程项目管理方法并没有考虑到上述问题。大多数现代软件项目管理方法论需要解决的主要问题是需求变更。敏捷方法论（agile methodology）聚焦于规划与执行快速迭代。每次迭代都旨在尽快将功能交付给客户。外部反馈是项目变更的主要来源。

数据科学项目的变更则来自四面八方。这些变更来自内部的项目团队和外部的业务客户。量化指标应该总能确认是否取得进展。每接近目标一步，就可能需要进行几十次甚至几百次的失败实验，这就导致不得不进行快速迭代。

敏捷项目典型的迭代周期为 2 周～1 个月。项目团队在此期间确定本轮迭代的范围，并在规定的时间节点完成迭代。数据科学项目在急速冲刺途中产生的结果会影响冲刺的目标，使得原来计划好的任务由于新的发现而变得无关紧要。

管理层必须为共性的问题提供一张安全防护网。源于软件工程领域的方法论可以为此提供坚实的基础，但是它们并不提供能够用于管理研究和数据治理的任何工具。

如果开发的系统在后台使用机器学习的话，必须关注以下问题：

（1）**验证与调准的要求**（requirements for validation and alignment）：需要检测和管理来自外部（客户）和内部（研究团队）的需求变更。

（2）**数据治理**（data governance）：项目需要一些数据治理标准，这些标准应该严格应用于处理数据的所有代码。理想情况下，通过数据流程的每行数据都应该能够回溯到它的数据源头。所有输入和输出的数据集（包括中间报告）都应该被追踪并形成记录文档。

（3）**研究过程**（research processes）：对每个数据科学项目都需要进行广泛的研究。但如果不加以控制，研究就会很快耗尽预算，而项目却还看不到尽头。研究项目管理的重要因素包括：

- **研究计划**（research planning）：项目团队应该规划好并理顺所有研究的优先度。
- **实验方法论**（experimentation methodology）：每次实验都应该遵从一些标准，如追踪、文档整理和可再现性。
- **快速失败并迅速恢复**（fail fast and recover early）：实验往往会失败。管理方法应该快速进行实验以便团队能够尽可能快地迭代和学习。
- **软件工程流程**（software engineering processes）：大部分的工作在开发软件方面。为此，软件项目管理已经提供了很多工具，但是这些工具需要紧紧地与管理方法论的其他要素结合起来。

接下来将介绍数据科学项目的常见阶段。要把这些阶段串在一起，形成项目的生命周期，这样就能纵览数据科学项目的全貌。

8.2 探究数据科学项目全生命周期

每个数据科学项目都有几个明确的状态。可以将不同领域和不同学科的项目划分为不同的阶段，而这些阶段则构成了数据科学项目的全生命周期，如图 8.1 所示。

下面详细探讨数据科学项目全生命周期的各个阶段。

8.2.1 业务理解

在此阶段，要应用业务领域知识，研究项目涉及的业务。应该定义业务需求，并确认这些需求的实现能够给客户提供更好的生活。也应该定义和记录所有相关的业务指标，这样有助于以业务方可以理解的方式测度和分析结果。此阶段的输出应该是一份业务需求明细，该明细可供项目相关方浏览、编辑和确认。

8.2.2 数据理解

在此阶段，要研究所在组织（公司）的数据结构。要将数据源、数据拥有者以及他们采用的技术记录在册。如果不想从数据中挖掘项目想法（参阅“第 7 章　创新管理”）的话，就无须记录所有数据源。要聚焦于对项目有用的数据。

找到数据后，应该进行 EDA，并全面研究数据。要注意数据中的异常和特殊的情况。研究这些情况出现的原因，并确定处理这些情况的办法。例如，如果数据集中存在很多零值，就应该想办法处理这些数据，且相关处置不能以不希望的方式地损坏数据。

在 EDA 阶段，还要考虑特征工程相关的想法。对数据进行统计分析，并试图发现有助于完成手头任务的因果关系。

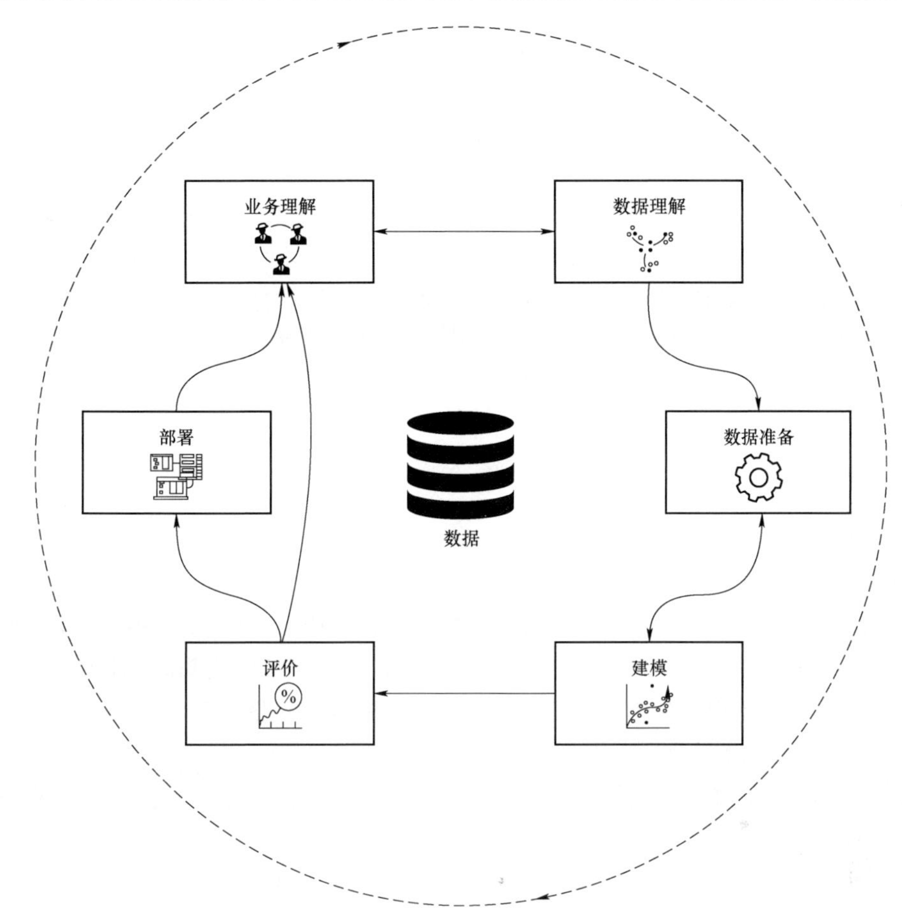

图 8.1　数据科学项目的全生命周期

数据理解阶段应该产出以下结果：

- **数据源词典**（data source dictionary）：此文档简单描述与项目相关的所有数据源。
- **显示数据分析结论的 EDA 报告**（report that shows the conclusions of data analysis，EDA）：此文档应该描述用于解决当前任务的方法以及处理已发现的数据错误的策略。文档还应包括可能会让客户感兴趣的事实依据。

8.2.3　数据准备

8.2.3.1　数据准备简介

在此阶段，开始处理数据。数据准备阶段涉及获取原始数据并将其转换为有用的格式。可以从数据源读取数据，并进行数据准备，以便能够利用数据完成项目目标。如果正在基于结构化数据解决任务并且计划应用机器学习，那么需要执行特征工程。在前一阶段，应该已经把握了可以在数据准备阶段处理的数据的异常情况。此阶段的产出结果是一项或多项可重现的数据准备程序以及可用于构建和测试模型的数据集。

8.2.3.2 数据准备的优化

数据准备和数据理解阶段非常耗时，它们占了整个项目周期80%的时间，因此事先一定要做好计划。因为数据准备阶段非常耗时，所以优化团队绩效非常重要。用于自动化EDA和特征工程的开源工具可以在项目开始时节省大量时间，因此应尽量使用它们。本书“创建开发基础设施”一节将介绍几个可用来加速数据准备和数据理解的库。

为了使数据准备不那么容易出错并便于监控，应该关注数据来源和版本控制。每个数据集都应该可以追溯到它的源头。要注意保存所有的数据文件，不管是中间文件还是原始文件。要在代码中标记每次数据迁移的输入和输出。众所周知，数据处理的错误很难发现，除非能对数据流实现全面控制。

另一个重要的问题是可重用性。要对数据处理过程认真编码。在文件中弄了一大堆乱七八糟的代码行，而且想让它们发挥作用，看上去很有意思。但是，这样做会徒增技术麻烦。代码工作一段时间后，就会在没有任何通知的情况下突然崩溃。随着时间的推移，可能会想在代码里增添其他内容。如果编码不良的话，又将耗费不可预期的大量时间进行查错和纠错。

为了确保数据处理代码的鲁棒性，代码检查可以采用以下要点清单：

- 所有重复代码封装为函数。
- 逻辑关联的函数封装为类和模块。
- 代码包含丰富的日志记录。
- 所有配置参数可以通过配置文件或命令行参数进行更改。
- 数据处理的输入和输出要保存。
- 代码可重用和文档化。

8.2.4 建模

建模在本书“什么是数据科学”一节里提到过。在此阶段，要应用数据科学、机器学习和深度学习的知识来解决手头上的任务。其流程如下：

（1）确定任务类别，即监督任务（分类和回归）、无监督任务（聚类和文档主题建模）或者强化学习任务。

（2）准备适合解决任务的一组算法。

（3）提出模型验证和测试方法。

（4）优化模型参数，选择最优模型。

8.2.5 评价

虽然与建模和部署阶段密不可分，但评价阶段值得拥有自己的位置。在此阶段，必须测试技术和业务量化指标，检查模型做出的每一个预测。要关注模型在测试集上产生的最大误差，研究对数据、功能或模型可以进行哪些更改以消除这些误差。这也是清除数据处理漏洞的好办法。

数据科学项目应该有两种评价策略：在线评价和线下评价。在线评价负责追踪已部署好的模型的所有量化指标，而线下评价用于确定部署哪个模型。

典型的数据科学项目包含数百次不同模型、数据和参数的实验。每次实验都会产生新的数据，这些数据以指标值、代码参数和注释的形式存在。应采用专用的实验追踪工具来决定某次实验的成败。这些工具能够自动地收集实验的所有日志、指标值和产出结果以确保实验的可重现性，以及方便实验结果的查找。如果不想或无法使用这样的工具，电子表格是一个不错的替代工具，虽然也需要花更多时间在上面。完整记录所有实验以及所有关于建模与数据预处理的相关决策，将有助于比较不同的实验，对实验结果得出结论。

如果想了解模型测试的更多细节，请参阅“第 2 章　机器学习模型测试”。

建模与评价阶段密切相关，在进入最终阶段之前，往往要在后续的迭代中重复多次。

8.2.6 部署

在部署阶段，要将最好的模型交付给最终客户，并检查应用结果。在此阶段，往往会忽视复杂性。产品代码有一套模型需要满足的单独的严格要求和**服务水平协议**。这些要求可以分为两类：功能性要求和非功能性要求。功能性要求用来定义服务的功能，而非功能性要求用来定义服务水平协议。

模型服务的功能性要求包括：

- 请求/响应格式。
- 模型版本升级能力。
- 用于追踪部署和请求统计的用户界面。

非功能性要求用来定义服务质量和服务的可用性，包括：

- 预期请求吞吐量（每秒 1000 个请求）。
- 可用性时间表（24 小时/7 天）。
- 通信安全。
- 在用户负载高峰期使得系统仍然可用的弹性可扩展性。

对于不同的项目，模型部署的要求是相似的，因此过程的这一部分取决于可重用性。与其对每个项目重复相同的工作，不如开发自己的或采用已有的模型服务框架。

部署阶段需要牢记的另一点是评价。在前一阶段，评价并未结束，还需要在线评价模型的所有指标。如果在线指标低于某个阈值，系统可能会启动预警或采取类似模型重训练的补偿行动。A/B 测试和多臂老虎机也是部署过程的一部分，可以作为模型服务系统的支撑功能。

至此，对每个数据科学项目的一般阶段应该有所掌握。现在来看如何按照正确的管理方法执行各个阶段。

8.3 项目管理方法论的选择

项目管理方法论提供了一套规则和流程，能区分出混乱无章的项目和连贯有序的项目。它们提供了一个每个人都努力朝着更大目标行动的框架。这就如同法律之于社会。但是，法律并不完美，且经常失效。在软件管理的世界里也没有灵丹妙药。有些管理实践更适合某一类项目，但在另一类项目中会无能为力。下面的章节将探讨软件项目最主流的管理方法，介绍如何将其用于数据科学场景，以便明确一些结论，并选择最适合某个项目的管理方法。

8.3.1 瀑布式管理

最直观的项目管理方法如同建造房子一样。其主要步骤包括：

（1）准备建造场地。

（2）打地基。

（3）搭架子。

（4）盖屋顶。

（5）修墙壁。

（6）敷设电线和水道。

（7）装修房屋内外。

开发软件系统，要执行以下操作：

（1）准备开发环境。

（2）分析和整理需求。

（3）分析和整理架构和软件要求清单。

（4）构建系统。

（5）根据需求测试功能。

（6）项目收尾。

这种管理方法论称为**瀑布式管理**（waterfall）。从理论上来讲，它是合乎逻辑的，但在现实中少有成功实现。其原因在于，所有步骤都是依序执行而且只出现一次。如果出现错误，项目计划就无法实现。单个未被记录的要求，如步骤（2）的要求，会导致步骤（6）的重大灾难。客户并不掌握最终结果的完整图景，而且他们也会犯错误。客户在看到其需求的实际实现之后，可能会改变需求。

软件项目经理知道单个瀑布式流程无法解决他们的问题，因此他们将很多小的瀑布组成顺序迭代。这个进化称作迭代增量式软件开发。迭代项目由几个以瀑布方式管理的阶段组成。一次迭代的周期按月计。每个阶段结束时，开发团队向最终用户介绍阶段性成果以收集反馈。这些反馈用于启动下一次迭代。伴随每次迭代循环，对预期结果的理解不断发展，直至满足用户需求。

8.3.2　敏捷

迭代方法对于大多数软件项目而言还是过于繁重。软件项目的技术需求变更往往堆积如山。2001 年，软件开发界的顶级大佬们发表了敏捷开发宣言（agilemanifestohttps://agilemanifesto.org），其描述了一种新的管理思想，具体包括以下四个要点：

- 个人与交互优先于流程和工具。
- 工作软件优先于综合文档。
- 与客户合作优先于合同谈判。
- 快速响应变化优先于按部就班。

也就是说，虽然每个要点的后一项也有价值，但在实践中更重视前一项的价值。

如今，敏捷性已与 Kanban 和 Scrum 挂钩。这些方法论的说明需要 50～500 页的篇幅。尽管如此，敏捷的核心就是简单。任何项目都可能因敏捷宣言而误入歧途，很多也的确如此。如果排除掉宣言的最后一句，那么就有可能创建一个没有计划或者需求明细的项目，从而不可避免地陷入不可控的混乱局面。当遇到软件项目管理问题时，人们需要更直接的指导。这就是 Kanban 和 Scrum 被提出的原因所在。

8.3.3　Kanban

首先来了解 Kanban。解释 Kanban 的最合适的比喻就是传送带。设想所有任务在完成之前都经过几个固定的阶段。那些阶段的具体定义取决于开发者。

软件项目涉及以下过程：

（1）积压任务（收集所有待处理任务的缓冲区）。

（2）需求明细清单。

（3）开发。

（4）代码评审。

（5）测试。

（6）部署。

Kanban 将每个任务都显示在平板上，如图 8.2 所示。

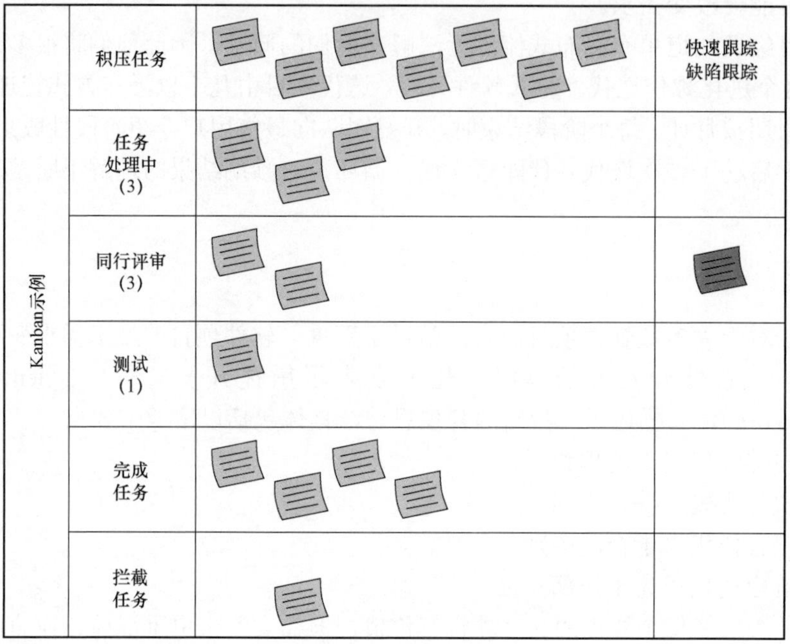

Kanban示例		
积压任务		快速跟踪 缺陷跟踪
任务 处理中 (3)		
同行评审 (3)		
测试 (1)		
完成 任务		
拦截 任务		

图 8.2 软件项目 Kanban 示例

每个阶段都应该对可以并行完成的任务有所限制。Kanban 有意识地限制并发任务的数量以提高吞吐量。如果团队因为部署阶段的任务太多而受阻，那么所有能够将最终产品投入生产的成员都应该停止手头上的任务，转而解决瓶颈任务。一旦问题得到解决，团队就可以按照优先度继续完成其他任务。因此，Kanban 欢迎跨职能团队，团队的每一个人都能帮助推进每个阶段的任务。Kanban 并没有删除角色的概念，但是它认为，无论什么角色，每个团队成员都应该能够帮助处理瓶颈任务。

Kanban 聚焦于从头到尾尽快完成一项任务。用于测度 Kanban 项目有效性的主要指标包括：

- **交付周期**（lead time）：任务从待办到完成所需要的平均时间。
- **周期时间**（cycle time）：任务从初始阶段到完成所需要的平均时间。在本节的实例中，周期时间就是从需求分析阶段到部署阶段的时间。
- **吞吐量**（throughput）：在一段时间（一天、一周或一个月）内能够完成任务的平均数。

一般在使用 Kanban 时，并不制订具有固定期限的项目计划。另外，也不用逐个地估计各任务的完成情况，因为相关指标会关注它们。需要测度团队在若干周内的吞吐量，以便把握未来一段时间内团队能够完成多少任务。

Kanban 的优点也是它的局限，包括：

- 每项任务的工作量相同的话，Kanban 的效果最好。如果有些任务明显比其他任务耗时长，评价指标将不再有用。
- 如果不想以跨职能团队的方式工作，那么吞吐量将受制于瓶颈任务，这会使得 Kanban 的使用毫无价值。
- Kanban 并不提供管理截止日期、项目范围和预算的工具。它关心的是优化吞吐量。

Kanban 是面向具有重复任务的项目的一种很好的软件管理方法。它也可以部分地应用到项目中有意义的环节。下面是几个 Kanban 可以发挥作用的项目示例：

（1）在软件支持项目中，关注部署和解决常见问题。

（2）如果数据科学项目有一个专门的团队利用机器学习模型进行实验，那么使用 Kanban 有助于提升吞吐量。

（3）需要创建大量具有相似内容的项目，如数百个 Web 表单、数据映射或者相同的机器学习模型。

关于 Kanban，令人惊奇的是，原本是为了提高汽车制造效率而提出的。丰田（Toyota）公司于 1959 年发明了 Kanban，并于 1962 年将其整合到生产环境中。可见，Kanban 的利弊在制造领域里已经暴露无遗。在那里，汽车零部件在传输带上要穿过不同的生产环节。

8.3.4 Scrum

敏捷家族中另一种流行的管理方法论是 Scrum。Scrum 的精髓是冲刺（sprint）。冲刺是指一组有着固定期限和周期的任务。典型的冲刺周期是一周、两周或一个月。完整地解释 Scrum 需要一本书，因此这里只介绍一些基本知识。

Scrum 过程包括以下步骤：

（1）待办事项梳理（backlog grooming）。

（2）冲刺规划（sprint planning）。

（3）冲刺执行（sprint execution）。

（4）回顾（retrospective）。

与其他敏捷开发方法论类似，所有任务都列为项目待办事项。项目待办事项需要定期梳理：应该删除所有过时的任务，剩下的任务需要按照优先度排序。

Scrum 的主要组件是冲刺。冲刺是一次具有固定期限和明确目标的迭代。冲刺的典型周期是两周。冲刺总是从冲刺规划会议开始，在该会议上，团队成员审视项目待办事项，并确定冲刺任务。每项任务都要以抽象的故事点（story point，度量单位）进行估算。用故事点而非小时进行任务估算，其目的是实现相对而非绝对的估算。例如，可以认为有一个故事点的任务是微不足道的，而有两个故事点的任务稍微难度但还是容易完成的。四到六个故事点代表正常的任务。故事点估算的另一个体系建议采用 2～128 的幂进行任务估算。第一次冲刺时，估算相当粗略。第二次冲刺时，可以将新任务与以前的任务进行对比，看看该任务值多少个故事点。经过四次冲刺，就可以看到团队平均完成了多少个故事点。也可以计算一个故事点大致相当于多少小时，虽然在冲刺规划过程中，这只用作参照而非故事点的替代度量单位。

冲刺规划时，每位团队成员各自进行任务估算，然后进行相互比较。这有助于让每个人都以相同的方式理解任务的定义。估算的差异表明任务需要更清楚的解释和基于 SMART 准则的评价。

冲刺规划会后，冲刺正式开始。一旦开始冲刺，它就被锁定了。不能改变在规划会时定义的冲刺范围。团队的主要焦点是在冲刺结束之前完成所有的任务。这一策略可以让团队实现规划好的目标而且能够应对改变。Scrum 的主要优势也是它的弱势。如果客户中途闯进来说"*我有一项特别重要的、需要尽快完成的任务*"，那么就要尽量说服客户，解释团队只能在下一次冲刺中完成客户的这个任务。范围锁定是冲刺发挥作用的一个重要机制。如果经常偏离这个规则的话，Scrum 就会成为障碍而不是有益和有效的管理方法。

实际上，范围锁定可能会有问题，特别是在 B2B 领域。对于别无选择或被迫改变冲刺范围的情况，有两种选择：

- **任务替换**（trade task）：从冲刺中删除一项任务，再增加一项新任务。
- **开始新的冲刺**（start a new sprint）：可以停止当前的冲刺，规划新冲刺。

经常采用这些选择会减弱 Scrum 的效果。应该尝试与客户协商确定一个固定的冲刺范围，告诉他们这样做的好处，如按时交付，同时为需求更改留下空间。

避免意外的范围变更的一个有用策略是请客户参与待办事项梳理和冲刺规划。Scrum 专家建议应该专设产品负责人（product owner）角色。产品负责人应该决定任务的优先度、冲刺目标，并与项目相关方协商所有矛盾的需求。

Scrum 直接来自软件开发领域，所以比 Kanban 限制更少。但是代价就在于它的复杂性：Scrum 并不是简单易行的方法论，它会产生管理开销。如果要用 Scrum，那么每位团队成员就应该了解它。对于复杂项目，可能需要给予某些人以 Scrum 大师的特定角色。这些人负责在一个或几个项目中应用 Scrum 方法论。

下一节将介绍如何根据项目需要来选择方法论。

8.4　选择适合项目的方法论

选择项目管理方法论是一项有吸引力但又复杂的任务。可以花很长时间认真思考一种方法如何比另一种方法更好地支持业务，以及这种方法有什么局限性。尽量不要花太多时间去考虑方法论。更重要的是选择一些东西并坚持不懈，除非它明显会给项目带来不利。为了简化选择方法论这一过程，下面给出几条简单的指导原则，以指导管理方法的选择。

8.4.1　开展颠覆性创新

如果已有一个可颠覆市场的解决方案，那么需要考虑的唯一一件事情就是方法论的效率。在项目开启之初，不会有很多客户，所以应该能收集反馈，并执行重点工作，迭代出产品的新版本。Scrum 在这种情况下的效果最好。可以在每次冲刺结束时，根据冲刺情况和收集到的反馈实现新的功能，以便开始新一轮迭代。Kanban 也可发挥作用，但是它在颠覆性创新方面提供不了多少帮助。

8.4.2　准备测试过的解决方案

如果正在开发一个与以往项目类似的系统，那么与以前的迭代相比，很可能不需要很多的研究。系统集成项目也是如此，在该项目中，提供的服务可将产品集成到客户 IT 环境中。对于这些项目，可以定义很多聚焦于客户的任务，这些任务可以根据需要完成的总体工作量分成三到五组。这种情况下，Kanban 能发挥最大的作用。利用 Kanban 可以将重点聚焦于如何用更短的时间将更多的结果交付给客户。

8.4.3　为客户量身定制项目

采用敏捷开发方法论为客户实施项目可能会很困难。客户恨不得鱼与熊掌兼得：期限不能变，需求随时改。数据科学团队的工作就是决定项目采用的最优方法并说明其优劣。很多团队采取介于 Scrum 和瀑布式方法之间的方法解决问题：设定项目的初始范围，然后对其进行估算，并展示给客户。接着，采取冲刺的方法一点一点地完成项目任务。在实施阶段，需求不可避免地会发生变化，因此重要的是管理这些变化并让客户始终参与冲刺规划。

选择项目管理方法论与评估数据科学项目密切相关。下一节将定义评估过程的目标，并阐述如何进行估测。

8.5 估测数据科学项目

8.5.1 数据科学项目估测简介

如果需要给一些人解释预测的基本原理的话，那就先问问他们是否曾经参加过软件项目。如果是，他们就应该已经知道预测的基本内容：参与过软件项目的人都估测过任务。每个人都需要估测。客户需要估测以便规划和控制何时开始使用项目成果。项目经理需要估测以便了解项目的范围、工作量，以及单个任务或整个项目的近似成本。

估测有多方面的作用，例如：

● **理解工作结构**（understanding work structure）：将任务分解为多个子任务，从而明确需要完成的主要步骤。

● **理解复杂性**（understanding complexity）：虽然单独估测一项复杂任务很难，但是估测工作结构的每项子任务会相对简单一些。这样也能了解任务有多复杂，以及完成该任务需要花多长时间。

● **了解成本**（understanding costs）：在大多数业务领域，如果不首先解释和确定项目成本和所需资源的话，就启动不了项目。

估测的最大问题是估测失败。一项计划往往是不准确、不完整的，甚至与实际工作的方式毫不相关。即便是有经验的软件开发人员，也难以估算一项任务究竟要花费多长时间，除非他们已经多次做过同样的任务。

有研究表明，人们不善于做出绝对估测（评估）。人类的大脑根本不适合为复杂、多层次的项目建立准确的心智模型。例如，如果问一群陌生人最近的建筑物有多高，大多数人没法给出正确的答案。但是，如果告诉他们周围几座建筑物的高度，那么他们的估测就会准确得多。这不仅适用于建筑物的高度估测，也适用于所有估测。

在数据科学项目中进行相对估测需要两样东西：相关样本和良好的估测流程。相对估测可以被看作简单的统计估测器，它取所有以前相关任务周期的平均值。为了得到这样一个估测器，首先需要收集一个数据集。如果遵循瀑布式流程，那么为了获取估测数据集中的一个新的数据点，就需要从头到尾完成整个项目。在能熟练地估测某种特定类型的项目之前，可能对很多项目的估测都以失败告终。

关键是要下沉到单个任务层级。因此，Scrum 建议采用相对故事点而非绝对的小时数。相对估测首先在任务层级，其次在冲刺层级，最后在项目层级。如果没有任何先验经验可以帮助进行相对估测，那么唯一应该做的绝对估测就是针对项目第一次冲刺的估测。此后，便可以用前面的任务作为进行新估测的基础。

不必为了相对估测而采用 Scrum。Scrum 提供了一种发挥相对估测作用的方法，但它并不一定在任何情况下都是最适合的。如果真是如此，那么可以采用其他的管理方法论进行相对估测。

区分业务估测和实施估测：

可以从两个视角来考虑估测。一个是实施视角，它对于特别关心项目交付的项目经理和团队领导者而言是再熟悉不过的。实施估测的主要目标是，提供关于实现解决方案需要多少时间和经费的正确预期。

另一个是业务视角，它与项目的业务目标密切相关，实施团队往往看不到。每个项目一般都由一个业务模型支撑着，该模型设定了关于增收、客户满意度、降低成本等的预期。

进行实施估测时应该时刻想着这个业务模型。在数据科学项目中，可以通过从业务模型中推导预算约束并确立一组评价项目绩效的业务指标，将业务估测纳入项目工作中。

8.5.2　学会估测时间和成本

利用相对估测是一种有效的策略，但如果有人问 *“究竟何时能完成任务”*，则无以作答。Scrum 和 Kanban 并不提供项目估测工具。事实上，这两种方法论并不认为这样的估测是必要的。如果目标是在已知期限和已知预算约束的情况下有效地完成一个项目，那么这种想法是对的。但是，在有些情况下，需要自己设定预算和时间约束。

以咨询业务为例。假设需要为客户定制一个分析系统。主要任务是根据用户画像，估测其购买某种特定产品的概率。该客户需要一个满足多个部门的不同相关方要求的全新的解决方案。这些相关方还要求将解决方案与不同的 IT 系统进行集成。他们邀请了几家公司来竞争该项目。他们首先问每家公司：*“开发这个系统需要多少成本？多快能够完成？如果我们知道绝对估测的局限性的话，我们怎么办？”*

首先勾勒项目轮廓，这是一个需要完成的高层任务的层次表。瀑布式项目的最简单的任务列表如下所示：

（1）收集需求。

（2）实现需求。

（3）测试系统。

（4）部署系统。

采用瀑布式项目是有风险的，所以要将系统分成若干阶段，每个阶段又有若干连贯的步骤。根据各阶段的复杂程度，需要在同一个阶段进行一次或几次迭代。理论上，对每个为期两周的冲刺都可以尝试产生任务列表，但这是不现实的，因为数据科学项目本质上是不停改变的。

例如，考虑需求收集阶段的任务列表：

收集需求：

- 软件架构：
    - 非功能需求明细。
    - 非功能需求实现策略。
    - 组件图（component diagram）。
    - 集成图（integration diagram）。
- 功能需求明细：
    - 用户界面：
        - 用户界面需求。
        - 用户界面模型。
    - 后台服务。
    - 数据分析与建模：
        - EDA。
        - 产生实验待办任务表。

一开始应该定义大概的步骤，然后再予以细化。如果以前实施过相似的项目，可以考虑那些项目的任务列表，以便知道从何入手。从其他项目收集和利用数据是相对估测的主要手段，因此不要忽视以往的项目经验。

有些任务很难分解。不能确定完成任务的方法是一个危险的信号，其表明需要与客户进行沟通以找到解决办法。如果不知道需要集成多少系统，那么分解与集成相关的阶段和任务就难以进行。这时，需要与客户沟通，以快速发现必要的信息。但是，在估测过程中会遇到很多这样的问题，而且新信息追踪很快也会变得无效。因此，最好事先准备一份编有序号的问题列表。在估测过程中，答案可能会变化，所以对每个问题都应标上日期。理想情况下，应该将那些问题分享以便协同。

任务列表足够详细时，就应该提出一个软件架构。这一步至关重要，因为将任务列表与客户需求匹配起来在经济上并不总是可行的，甚至从技术角度来看也是不可行的。应该至少对采用什么技术、如何与客户系统的其他部分集成，以及如何部署解决方案有个大致的想法。如果有任何重要的非功能需求，如 24/7 服务，软件架构师还应该考虑技术和系统设计的实现途径。构思高层次的架构有助于解释任务列表。如果觉得有必要，就更改任务列表，不要犹豫。软件设计是有经验的工程师应该做的一项复杂任务，因此如果不具备软件设计方面的深厚经验和知识，可以向团队成员寻求帮助，或者最好让软件设计成为一项协作完成的任务。

确定任务列表且有了软件架构想法之后，就可以估测项目。建议采用简单的统计估测方法，如**计划评估与评审技术**（program evaluation and review technique，PERT）。

PERT 对每项任务进行三点估测：

- **乐观估测**（optimistic estimate）：如果一切顺利，以及只可能出现小的技术问题和需求问题的情况下完成任务计划花费的时间。
- **最可能估测**（most likely estimate）：对完成任务最实际的估测。
- **悲观估测**（pessimistic estimate）：设定有问题出现时完成任务需要的时间。这包括一些额外的风险，如处理有问题的实验、复杂纠错以及与客户长时间磨合。

最终的估测可以按照简单加权平均的方式求得：

$$\text{PERT估测} = \frac{\text{乐观估测} + 4 \times \text{最可能估测} + \text{悲观估测}}{6}$$

需要确定置信区间时可以计算标准偏差：

$$\text{PERT标准偏差} = \frac{\text{悲观估测} - \text{乐观估测}}{6}$$

PERT 估测±3 × PERT 标准偏差可以给出 99.7%的置信区间，这意味着任务结束在乐观估测和悲观估测之间的置信度为 99.7%。如果这个区间（PERT 估测±3 × PERT 标准偏差）太大，可以使用 2 × PERT 标准偏差，这样的话，置信区间为 95.5%。

可以采用已完成项目的数据作为相对估测的基础。估测用到的外部资源越多，估测就越准确，风险就越小。

估测免不了有错误，所以所有估测都只是当前对项目实施计划的粗略想法。项目任务列表和估测应该不断变化，以适应当前状况。应该定期检查原来的计划是否应该更改和调整。如果是，请告知客户，并阐明变更的必要性。很可能客户会为待办事项增加一些以为都在原先计划中的新功能。如果不是这样，就要协商确定是否需要扩大内容范围，当然随之而来的就是预算增加和时间延长。如果这些功能并不重要的话，请劝告客户将其从待办事项中删掉。每当完成某类项目的各项任务，经验自然会有所积累。随着经验的积累，就会考虑更多的客户需求，并将其加入基本计划中，从而使估测更准确。项目估测的所有版本都应予以保存，以便能够轻而易举地跟踪所有内容变化的来龙去脉。

项目架构愿景也应该对任何变化都是经得起推敲的。解决方案的定制化程度越高，就越不可能得到一个在任何内容范围变更时都有用的理想的架构愿景。要先行计划，并在解决方案里包含几个很可能变化的变更点。变更点（variation point）是将要从头改变的软件组件（或一组软件组件）。带有固定合约的插件架构（plugin architecture）与微服务（microservice）是方便扩展或替换的变更点示例。

8.6 明确估测过程的目标

估测项目时，要记住项目目标。开发数据科学系统不需要宏大的计划。项目估测并使其保持最新需要花费大量的精力和时间。数据科学项目具有复杂性和不可预测性，所以大家越是相信估测，估测就越可能失败。如果团队在开发新业务领域的解决方案方面没有先验经验，或者正在试图应用新的算法或采用新技术，估测会变得更加不确定。

应该更仔细地思考如何实现项目的最终目标。不必计较多么精确地计算了需要花多长时间或者采用了多么详细的任务列表。估算需要理智，这有助于让实施计划与客户要求一致。

8.7 本章小结

本章介绍了如何管理数据科学项目。本章首先探讨了分析型项目与软件工程项目的区别，研究了数据科学项目生命周期；然后介绍了如何选择适合需求的项目管理方法论，并揭示了数据科学项目估测的实践指南，还讨论了长期计划的局限性。无论计划多好、估测多准，数据科学项目都有很多固有风险，这些风险可能成为项目的失败原因。

第 9 章将介绍数据科学项目的常见陷阱。

第 9 章　数据科学项目的常见陷阱

本章将讨论数据科学项目的常见陷阱，以及增加项目可能遇到风险和容易犯的错误。重要的是要知道如何处理它们，以确保项目成功。不同类型的数据科学解决方案有许多诱人的执行项目的方法，它们可能导致项目后期出现未曾料到的困难。应该循着数据科学项目生命周期逐一发现和解决这些问题。

第 9 章将讨论以下话题：

- 规避数据科学项目的常见风险。
- 推进研究项目。
- 实施原型和**最简可行产品**（minimum viable product，MVP）项目。
- 应对实用型数据科学系统的风险。

9.1　规避数据科学项目的常见风险

任何数据科学项目的第一个且最重要的风险是目标定义。正确地定义目标是成功公式的重要部分。人们往往容易在定义任务之后就一头扎进项目的实施阶段，也不管任务定义是不是模糊不清。这样的话，完成任务的方式就很可能完全偏离业务的实际需要。因此，必须定义一个具体的、可测度的目标，这样项目团队才能有办法分辨正确和错误的解决方案。

为了确保正确定义项目目标，可以采用下列检查表：

- 有一个可量化的业务指标，可以根据输入数据和算法输出计算得到。
- 业务人员理解所采用的最重要的技术指标。
- 用数据科学的术语定义任务。人们知道解决的问题是分类、回归还是其他，也了解如何从技术上解决它。
- 理解业务流程的细节和问题域。
- 项目启动需要的所有数据源都存在，且实施团队能够方便获得。

另一个重要事项是文档化。数据科学项目的实验结果往往会改变项目的进程。记录所有实验以及所做的决策和结论是非常重要的。当涉及数据和需求时，确定输入的任何改变也十分必要。有了这些信息，就能掌握使解决方案按计划完成的整体思路。

了解数据科学项目的常见风险有助于摆脱重大错误，但是魔鬼出自细节。下一节将介绍研究项目、原型和端到端生产系统的不同管理方法，并介绍它们的具体细节。

9.2 推进研究项目

研究项目是指为新的、不为人所知的问题提供解决方案的任何项目。研究项目并不总是与前沿科学相关。一个团队介入一个新的业务领域或者新的机器学习库，则这些也被视为研究项目。发现将数据科学应用到新业务领域的方法也是一种研究。几乎每一个数据科学项目都包括一个负责建模过程的研究性子项目。

研究项目的第一个陷阱是没有范围。每个研究项目都必须有一个清楚的范围，否则就不可能完成。确定研究项目的外部约束也很重要。研究预算会随着范围的扩大而增加，所以有限的预算也会影响能够开展的研究的深度和广度。

如果觉得自己有研究能力，那就可以和团队一起填写实验任务列表。任务列表的每一项都应该包含一个可能提高模型质量或者实现预期功能的想法。每次实验都应该按照 SMART 准则加以明确定义。

例如，二元分类问题的初始任务列表看上去可能是这样的：

（1）进行 EDA 并熟悉数据。

（2）利用梯度提升和基本预处理创建基准模型。

（3）测试分类变量的编码：哈希编码。

（4）测试分类变量的编码：目标编码。

（5）特征工程：测度日期特征的效果。

（6）特征工程：聚合特征日窗口。

为了符合 SMART 模板，每项应该包含期限、数据集链接、计算资源和推荐指标。为了简单起见，此处略去细节描述。

应该按照预期可获得的回报对实验进行优先度排序。有些实验的整体花费时间可能很长，但初始测试时间并不长。如果团队无法确定优先度高低，那么最好要求广而非要求深。对于每次研究迭代，都应该快速对所有实验进行初始质量检查，以确定每次实验所需的大概时间。

追踪实验进程的各种信息也很重要，包括：

- 输入数据。
- 实验的日期与耗时。
- 产生实验结果的精确代码版本。
- 输出文件。
- 模型参数和模型类别。
- 指标。

为了追踪实验，可以采用简单的共享文档，也可以投资开发一个项目专用的、带有用户界面的实验追踪框架集成到项目中。实验追踪框架在需要很多次实验的项目里作用巨大。

最后，要让每次实验都可重现，并将从结果得出的结论整理成文档。为了检查可重现性，每次实验都应该遵循以下准则：

- 输入数据容易获取，团队中的任何人都可以找到。
- 实验代码可在输入数据上无错误地运行。
- 用输入未经文档化的配置参数便可运行实验。所有配置变量都在实验配置中确定。
- 实验代码包含相关文档，易于阅读。
- 实验输出一致性好。
- 实验输出包含可用于与其他实验进行比较的指标。
- 实验结果的结论记录在文档、注释或输出文件里。

为避免研究项目的陷阱，必须做到：

- 定义清楚的目标。
- 定义成功的准则。
- 定义约束条件，包括时间和预算限制。
- 填写实验任务列表。
- 根据预期对实验进行排序。
- 跟踪所有实验及其数据。
- 使代码可重复利用。
- 将发现整理成文档。

成功的研究项目有助于发现复杂问题的答案或者扩展科学领域和实践专业的边界。研究项目往往与原型项目混为一谈，虽然原型项目一般具有截然不同的目标。下一节将介绍原型项目的性质以及这一类项目的特定管理策略。

9.3　实施原型和最简可行产品项目

9.3.1　原型和最简可行产品开发简介

只要是在研究数据科学，肯定要做大量的原型（样机）。原型开发往往在时间和经费方面有着非常严格的限制。原型制作就是要把原型做成最简可行产品。最简可行产品背后的关键思想是要有足够的核心功能来展示一个可行的解决方案。花里胡哨功能的实现可以稍后再实现，只要能够展示原型背后的主要想法就行。

聚焦核心功能并不意味着原型不应该有美观的用户界面或者直观的数据可视化效果。如果这些都是未来产品的主要卖点的话，毫无疑问原型要予以考虑。为了明确产品的核心功能，应该从市场和业务的角度认真思考。

请回答下列问题，检查最简可行产品是否应该包含一个具体的功能：

- 用户是谁？
- 解决方案瞄准什么（业务）流程？
- 想解决什么问题？

然后，考虑哪些功能对于预期目标的实现是至关重要的，哪些是辅助功能，哪些与目标无关。此外，还要考虑竞争对手，思考自己的最简可行产品与竞争对手的有哪些区别。如果区分不出来或者没有解决不同的问题，那么将面临已经成熟的而且可能已被广泛接受的竞争产品的挑战。

应该对竞争对手的产品功能进行分解，制成功能列表，并对其进行分析，以确认自己要实现的哪些新增功能可以迎合市场，这样做是有益的。对竞争对手产品的详细功能分析最终是为了产品开发而不仅仅是为了产生最简可行产品，所以这里不再深入讨论。

根据功能分析的结果，应该就可以将所有功能进行排序，进而从中选择几个核心功能作为最简可行产品的必要功能。谨记，如果知道有些功能是决定成败的特别重要的功能，那么可以改变它们的优先度。

交付最简可行产品的另一重要方面是走捷径。如果原型很多，那么拥有项目模板、内部快速原型工具和文档模板将能够节省大量时间和成本。如果觉得团队利用某种算法或技术创建最简可行产品反而更费时的话，应该考虑开发能够使大部分工作自动化的工具。关键是要记住，最简可行产品应该好到能让客户和用户看到效益。正如伏尔泰所说，最好是好的敌人。

关于创建能够转换为实际项目的原型更完整的评述，可参阅“第 7 章　创新管理”。

下面将简述在咨询公司如何管理最简可行产品。

9.3.2　案例：咨询公司的最简可行产品

马克（Mark）在一家咨询公司工作。他的团队为一家大型制造企业开发了一个缺陷检测系统原型。该系统分析传送带上产品的视频流，并检测有质量缺陷的产品。马克已经回答了初始的最简可行产品问题清单：

- 用户是谁？
  制造企业的产品质量部。
- 解决方案瞄准什么（业务）流程？
  核心产品质控流程。
- 想解决什么问题？
  减少现有质量控制流程中未检测到的缺陷产品总量。

根据这些回答，马克列出了最简可行产品的核心功能清单：

- 缺陷检测模型。
- 部署在传送带上的监控摄像机的集成。

马克知道，制造计划主任安东尼（Anthony）是关键的决策者，他喜欢系统的用户界面流畅直观。另外，马克明白，准备模型质量报告对于比较当前和未来的质量控制流程的效率很重要。

这两点认识为最简可行产品增加了更多的交付物：

- 用于实时监控缺陷的用户界面。
- 模型质量报告，提供原来的流程与采用自动化质量控制步骤的改进流程的效率对比分析。

在客户同意项目范围后，马克决定采用 Scrum 作为管理方法论，并着力尽快提交第一个工作版本原型。为了加快进度，在应用计算机视觉算法方面经验丰富的马克团队利用了他们为快速原型而开发的内部软件库。利用报告模板意味着他们不必花太多时间去编制文档，这样他们就可以专注于最简可行产品的开发。

该例子为原型开发概述作结。下面准备深入讨论数据科学项目中的风险评估和应对。

9.4　应对实用型数据科学系统的风险

9.4.1　实用型数据科学系统风险及其解决方法

端到端的数据科学项目包括数据科学项目生命周期的一个或多个完整迭代。端到端的数据科学项目集中了研究项目和最简可行产品项目的所有风险，还包括与变更管理和实际部署相关的新风险。

第一个主要风险是不能维持稳定的变更流。数据科学项目涉及范围变更，因此应该能够在不使项目崩溃的情况下使用它们。Scrum 通过在一周内冻结开发范围来提供处理变更管理所需要的基本工具。但是，要使工具发挥作用，客户以及团队应该理解并服从所要求的流程。

另一个问题是给定变更的实施可能会引发一堆不可预料的漏洞。数据科学项目往往缺少自动化测试手段。如果一个简单的变更会产生多个漏洞，那么不能常态化地测试已有功能就有可能引起连锁反应。在没有测试的情况下，更多的漏洞会被忽略，并且被带到实际应用系统中。因此，实现在线测试模块也非常重要，因为质量保证并非只停留在开发阶段。随着时间的推移，模型的性能可能会衰退，系统应该监控业务和技术指标的突然变化。

如果项目团队没有事先规划系统的实际应用，那么将面临很多与系统可实现性、可扩展性和可靠性等非功能性需求相关的复杂工程问题。为避免这种情况，从项目一开始就要重视系统设计和软件架构。

即使在技术上没有任何问题，最终结果也可能会令客户感到困惑。如果关键相关方看不到系统的效益，那么项目团队必须找出目标定义中的错误。项目目标中途改变，或者客户对什么最适合其业务的理解发生改变，都不足为奇。为了避免这一重大风险，应该不断确认自己所做的工作是否重要，以及解决办法是否正确。

表 9.1 列举了数据科学项目的常见风险及其解决办法，作为第 9 章内容的概括。

表 9.1　　数据科学项目的常见风险及其解决办法

风险类别	风险	解决办法
常见风险	模糊的目标定义	确保目标定义完整，包括本章检查表中所列的所有条目
	项目目标不量化	定义客户可以理解的、可量化的业务指标； 定义一项或多项与业务指标相关的技术指标
	没有追踪记录的决策	记录在项目过程中所做的每一个重大决策和结论； 明确数据和代码版本以便重现这些导致做出决策的结果
研究风险	团队不能重现实验结果	追踪实验结果、数据以及代码
	研究没有范围和行动计划	利用待研究任务列表提前进行计划； 将待研究任务列表中的任务按重要程度排序，定期检查是否存在应该被删除的过时任务； 如果可能，通过快速测试来评估每次实验的预期
最简可行产品风险	原型没有说明如何解决用户的问题	要把每个原型当作解决客户问题的最简可行产品； 通过考虑解决客户问题所需的最少功能来定义范围
	最简可行产品包括太多需要花时间开发的不必要的功能	使用功能分析来定义最简可行产品范围
	开发最简可行产品需要花费很多时间	如果团队做了很多最简可行产品，要考虑创建快速原型框架和项目模板，以加速开发过程
项目开发风险	客户经常要求团队做出紧急的范围变更	提倡在项目中采用敏捷开发方法论； 追踪项目范围变更，以显示这些变化如何影响项目的期限
	客户看不到系统如何解决他们的问题	经常性地评估项目目标，并确保问题的解决方式已经得到客户的确认
	新变化引发很多漏洞	进行自动测试
生产部署风险	生产过程中模型质量退化，系统没有解决这个问题的工具	开发在线测试模块，以追踪生产中的指标情况； 验证输入数据； 定期用新数据重新训练模型
	系统不适合实际应用	确定系统的功能性和非功能性需求； 准备提供实用系统设计的架构远景

下面通过案例来说明如何能够检测出和控制这些常见风险。

9.4.2　案例：将销售预测系统投入应用

简（Jane）是一家初创公司的高级经理，该公司为遍布世界的不同物流公司提供销售预测解决方案。在一次重要的技术会议期间，一位物流公司的代表马科斯（Max）问简的公司能否从人工智能应用中获益。简回答说，单靠工具本身不会让公司更好。人工智能也是工具，如同公司的 ERP 软件，只是更灵活一些而已。简先给出了更具体的任务定义以避免表 9.1 中的常见风险：

简：可否制定一个更明确的目标？我知道，如果不了解人工智能和机器学习的技术细节，这会很难，所以看我能否帮上点忙。我们公司为像贵方这样的物流公司提供销售预测解决方案。典型的应用是将我们的系统集成到贵公司的 ERP 中，这样就能使贵公司的人员不再浪费时间进行人工预测。您是否感兴趣呢？

马科斯：当然，能详细说一下吗？

简：好的。我们的系统针对仓库里的每个物品进行需求预测。我们可以估测未来某个指定日期之前您需要发货的预期数量。要这样做，就需要访问贵公司的 ERP 数据库。我可以肯定，贵公司的员工已经这么做了，但是整个过程非常耗时，结果也可能不够准确，特别是如果贵公司的产品目录包含成百上千件物品的话。

马科斯：没错，整个过程确实相当费时。我们甚至很难在产品目录中增加新项目，但这将要求我们在未来雇用两倍的人员。

简：如果我所说的能让您感兴趣的话，我很乐意帮您做一个小的最简可行产品项目，向您展示我们的系统对您的业务究竟会带来什么好处。不过，我们也需要贵方的一些支持。为了展示使用我们系统的积极效果，我们需要确保目标以能够让贵公司管理层理解的数字形式表示。我们可以先安排一次会议，这样我可以向您展示我们如何量化项目结果，以及我们需要从贵公司的 IT 专家那里得到什么样的帮助。

马科斯：好的，谢谢！

此次交谈之后，简和马科斯又见了一次面。简向马科斯说明了从业务角度评价项目绩效的一种通用方法。简将所有决策都整理为一份业务需求文档，并展示给马科斯，以确认所有交谈的结果正确无误。简还讨论了最简可行产品的成功准则。马科斯同意在项目的现阶段并不需要实用部署，他们可以通过查看简的团队在会议上展示的离线测试结果来决定实施集成。通过这种方式，简全面考虑了常见风险中的三大风险。

因为这是一个最简可行产品项目，简还考虑了最简可行产品的风险。简向马科斯询问如何将系统呈现给终端用户和公司管理层，以便使其能够理解系统带来的好处。他们决定直接将系统集成到公司的 ERP 方案中，因为这对双方而言都是最有成本效益的方式。马科斯对于最简可行产品应该包括哪些有用功能以及采用什么样的可视化面板和系统管理工具有很多自己的想法。简注意到那些功能并不能增加系统的核心价值，最好到实施阶段再实现。

产生了明确的目标定义和梳理了最简可行产品约束之后，简的团队进入实施阶段。为了消除项目开发团队中的风险，简与客户就项目管理方法论进行了协调。基于她以前的经验，对该最简可行产品项目简决定采用 Scrum。她向客户解释了范围固定的迭代的重要性，并确信大家都同意在计划阶段将变更加入冲刺的方式。简还用一个软件项目管理系统与马科斯分享了项目待办任务列表，以便马科斯能够添加新的任务并且与简的团队一起对任务进行优先度排序，这样马科斯实际上扮演了产品负责人的角色。简确信马科斯会有时间参加冲刺规划会议，这样项目就不会跑偏。简在其初创公司积累的一般软件开发经验已经消除了与代码质量、交付自动化以及自动测试等相关的风险，所以她不必再考虑这些。

9.5 本章小结

本章讨论了数据科学项目的常见陷阱，以及如何利用实验待办事项列表和实验追踪等工具管理研究项目。本章也介绍了原型项目与研究项目的区别，并从最简可行产品的立场考虑了如何管理原型开发。这些技术都概括在一个咨询公司最简可行产品开发的案例之中。最后，本章列举和系统梳理了研究项目、原型项目和实用系统的常见风险及其解决对策。

第 10 章将介绍如何利用可重用技术来完善数据科学产品以及提高内部团队绩效。

第 10 章　创造产品与提升可重用性

第 10 章将通过讨论如何完善产品和提高可重用性结束“第三部分　数据科学项目的管理”。本章聚焦于为客户提供定制化解决方案的团队。如果团队要帮助公司内部业务相关方或者希望购买专业知识、服务和软件解决方案的外部客户，那么本章内容会很有用。产品思维与可重用性的效益在咨询阶段并不受重视，但如果团队正在开发一种有市场利基的产品的话，重要性就会凸显。

第 10 章将讨论以下主题：

- 产品思维。
- 确定项目所处阶段。
- 提高可重用性。
- 寻找和开发产品。

10.1　产品思维

本章的有益建议是，必须将自己的工作看作产品开发。很多公司向市场交付软件产品，而数据科学团队则交付服务。服务也可以被视为产品，它们也遵从供需法则，不同类型的服务都有市场。

与软件产品一样，可以将数据科学活动分解为服务功能。团队擅长的某些服务会将团队所在部门或公司与竞争对手区分开来，但是可能也有一些落后于其他致力于某些特定服务的组织。例如，一家数据科学咨询公司可能在创建定制模型方面出类拔萃。但是，他们的用户界面（user interfaces）却比专业化的用户界面开发公司的要差。这些权衡问题将由市场需求判定：购买定制模型开发服务的公司很少需要同一团队提供高端的用户界面。

将服务当作产品，可以打开新的改进空间。可以分析最好的服务功能，思考能够让服务更好、更有效益的改进，从而为持续的服务质量改善开辟新的可能性。

大多数情况下，最好的团队能够在较短的时间内以较低的成本提供更多的功能，且与面向更广阔市场的优化产品相比，它具有更好的可定制性和更优的质量。作为服务提供方，可以做任何产品都不能做的事情：产生解决客户特定问题的高度个性化的解决方案。问题是，如何在不丧失为客户提供定制化解决方案的关键优势的情况下，让定制的解决方案更易实现？

用产品思维思考项目的第一步是考虑项目的阶段。下一节将介绍与不同项目类型和阶段相关的可重用性的概念。

10.2 确定项目所处阶段

10.2.1 项目类型和所处阶段的划分

为了制订服务改进的行动计划，需要确定正在推进的项目的类型和所处阶段。项目可以分为两大类：

- 产品。
- 定制解决方案。

产品往往在本质上是可重用的，而定制解决方案通常不是。但是，定制解决方案可由可重用组件组成，同时不影响定制软件的质量。为了完善这些内部组件和提高可重用性，应该在项目的每个阶段认真考虑以下内容：

- **最简可行产品**（minimum viable product）：考虑可以重用以往项目的成果，这样可以使花费的时间最少。尽管看上去从头开始构建最简可行产品更为容易，但创建可重用组件在未来很长时间里能够节省更多的时间。
- **开发**（development）：考虑哪些可重用组件可以加入正在构建的系统中。确定正在构建的新功能能否转化为可重用组件。
- **应用**（production）：固化和集成任何已有技术。

提高可重用性的下一个重要步骤是研究管理。相关的问题是：如何决定何时项目需要研究阶段？首先来看数据科学项目可以完成哪些研究：

- **数据**（data）：通过开展 EDA 和从数据中发现洞见，深化对客户数据的理解。
- **模型与算法**（models and algorithms）：改进模型，搜寻解决问题的新方法。
- **技术**（technology）：研究改进解决方案的新技术。技术可以直接用于项目，也可以通过改进执行手段、需求管理、代码或数据版本管理等来完善开发过程。

研究很难计划和估测，但它对于成功完成数据科学项目是不可或缺的。研究提供了新的机会，增进了理解，并且改变了流程。寻求研究与实施之间的正确关系对于项目的成功至关重要。为了有效地管理研究活动，应该将项目分解为两个逻辑相关的子项目：研究与方案开发。

将研究阶段集成到方案开发项目有以下几种途径：

- **与方案开发并行**（in parallel with solution development）：这种方式要求配备专职的研究团队。它之所以有用是因为研究过程以主要项目为基础提供结果。研究待办任务列表中产生良好结果的任务被转换成项目待办任务列表中的研究集成任务。这种研究管理方法对数据和模型研究都很有用，因为这些活动可能需要很长时间才能完成，并且大多数情况下可以集成到主代码库中。

- **每次开发迭代之前或之后**（before or after each development iteration）：这种方式要求团队将注意力从方案开发转向研究。当研究结果会影响长期的系统开发方法时，这种方式特别有效。技术研究是这种集成方式的最佳选项。可以将技术研究与软件设计阶段结合起来，这样团队就可以以可控的方式将新技术集成到项目中。

接下来介绍一种研究与实现的集成方式。

10.2.2　案例：服务平台调度系统的开发

卢卡斯（Lucas）是一家大型零售公司的数据科学团队负责人。他被要求开发一个减轻支持部门工作负担的系统，以解决每天 1 万家零售商铺的问题。支持部门服务门户的问题提出过程如下：

（1）选择问题类别。

（2）填写模板表格。

（3）等待解决方案或信息查询结果。

（4）如果不知道问题类别，则选择表格里的“无类别”，并在自由格式文本框中描述问题。

团队注意到，“无类别”问题对于支持团队来说是最难和最费时的问题。这是因为自由格式的描述往往缺少模板所要求的信息，所以支持工程师需要请求很多附加信息来确定问题的类别，然后自己填写模板表格。新的想法是，利用历史数据对输入的“无类别”问题进行分类，并要求在将问题发给支持部门之前让用户填写模板所需的信息。

该项目面临两大挑战：

- 建立能够处理大量问题类别长列表（超过 1000 个）的文本分类器。
- 建立可以全天候可靠运行的、与公司支持服务门户集成的问题分类系统。

卢卡斯认为该项目实际包含两个子项目：研究和系统实现。该研究项目没有时间限制，并且要求团队的数据科学家建立不同的文本分类器并评价它们的质量。系统实现项目的主要目标是建立一个高可用的模型服务器，改写公司支持门户的代码，以便能够将模型集成到问题生成流程中。

卢卡斯为每个项目成立了两个项目团队，并为他们分别创建了待办任务列表：

- **研究团队**：文本分类任务不是标准任务，也没有给出直接的解决方案，因为大多数事先建好的文本分类模型只能处理有限数量的类别，而该项目要求模型能够稳定地处理 1000 个类别。研究团队有一名团队负责人，负责管理待办任务并对其进行排序，以便团队只专注于最有效和最有前途的想法。每个人都清楚该研究不可能有明确的期限，所以团队决定采用人为规定的一般项目期限。考虑到给定时间约束和公司的数据，其目标是训练尽可能好的文本分类器。

- **系统实现团队**：他们专注于开发软件解决方案。团队包括一名机器学习工程师、一名后台软件开发人员、一名用户界面软件开发人员、一名系统分析人员和一名团队负责人。卢卡斯决定这部分任务最好采用 Scrum。该团队讨论了最后期限，设定了固定数量的冲刺，并确保他们能够在时间范围内完成所有的工作。从技术角度来看，任务定义明确，不需要另外的研究或原型设计。该团队以前开发过模型服务器，所以他们决定重用现有技术，另外增加几个没有的功能。

剩下的最后一个问题是，他们如何能够在不破坏系统的情况下，将新的研究结果集成到系统中。这种集成容易成为项目的瓶颈，因为研究团队在不断地更换数据预处理方法和机器学习框架，以便找到项目的最好结果。卢卡斯决定，研究团队应该提供他们的模型作为软件库，该软件库有固定的界面，该界面由系统实现团队设计和文档化。该界面在研究团队和系统实现团队之间建立交流渠道，以便新版本模型的变更只需简单地更新研究团队的库版本即可。

在确定了集成研究和解决方案开发过程的最佳集成方式以及考虑了哪些可重用组件有用之后，便可以继续前进，来看团队如何逐渐改善所提供技术的可重用性。

10.3 提高可重用性

提高可重用性是一种定制化的项目开发设置，旨在开发和重用内部组件，以更快地建立更好的解决方案。要查看所有项目中有哪些环节的工作是重复性的。对于很多公司来说，模型部署和服务是重复性的工作。而对其他公司来说，模型上端的仪表盘开发是重复性的工作。

开源项目可以作为出发点。在很多领域，最好的工具是由商业公司提供的。好在数据科学领域就是一个非常开放的领域，在该领域能找到的最好的工具都是开源的。当然，该领域也有很好的商业化产品，但是可以基于开源方案使用的主流模型开发实用型系统。开源模型是实用型系统开发的坚实基础。

再查看使用那些工具能否减少团队在各种项目中类似的重复性活动上所耗费的时间。如果发现没有合适的开源方案可以解决问题，那么有两种选择：从头开始开发可重用的软件组件，或者购买一个产品。但是，在购买已建方案和自己开发组件之间如何做出选择呢？基于已建方案的产品最适合解决数据科学团队的常见问题。相反，开发定制化的内部可重用方案应该留给团队和公司特有的业务环节。为了找到问题的解决方案，应该首先去找开源方案，其次去产品市场，最后考虑自己开发新技术。

谨记，可重用组件需要特别关注。随着工具链的增长，团队需要花更多的时间对其进行维护。可重用工具需要设计经得起时间考验的应用接口和工作流。维护用于多个项目的可重用工具并非易事，但是允许团队基于其自行开发，以便使后续的项目比其前身更有效。

开发还是购买？

一个团队经常遇到这样的困境。既可以自己开发一些东西，也可以采用开源的解决方案，还可以购买商业化产品。这个决策非常不易，而且还会有后续影响。从头开始自行开发需要很大的投入。采用开源解决方案是一条捷径，但是很容易遇到约束或漏洞，从而迫使团队投入开源组件的开发之中。从由全世界各地的人们编写的大量代码中发现和修正漏洞或者新增功能，需要做大量的工程工作，并将使得不同技术的切换更加困难。商业化产品是三种选择中定制化程度最低的，所以团队必须花时间来决定哪种产品与需求最匹配。

如果理性地分析并做出决定，情况会简单一些。要定义成功的准则，并思考准备开发、采用或购买的组件或技术的战略重要性。要定义、记录并权衡各种方案的利弊。最后，与尽可能多的相关方（包括团队成员和管理层）讨论交流。

可重用组件能够大大提高团队的工作效率，使解决方案不至于平庸，还可以让每位客户获得定制化的服务。有时，要紧紧盯住一个机会，只需要将有高要求的定制化解决方案转化为一个产品，团队就可以迈出一大步，进入完全不同的业务模式。下一节将介绍如何寻找和开发产品。

10.4　寻找和开发产品

10.4.1　寻找和开发产品简介

假以时日，总有一些团队会专门从事可重用工具链中最复杂和应用最广泛的工具的开发。如果有一个可重用组件在多个项目中经受了时间的考验，而且由经验丰富的团队在后面提供支持，那么就值得考虑将这个可重用组件转化为产品。

另一个表明应该从项目中衍生出产品的信号是，对某些定制化的解决方案具有强烈的需求。如果每个客户都要求开发一个客户支持聊天机器人，而且也已经开发了数十台这样的机器人，那么转化为产品让人们的生活更方便，何乐而不为呢？

如果一家公司以前没有开发过投放市场的新产品，那么需要认真对待这项任务，并做好转入新领域的准备。要想避免失误，就应该花时间阅读产品管理相关的资料文献，并考虑雇用或咨询有相关经验的产品经理。产品开发不同于定制化解决方案的开发。其实，产品开发是一项全新的业务，其流程与价值观对咨询类项目经理而言简直是不可思议的。

最后请谨记，开发产品具有风险而且花费昂贵。产品团队需要尽最大的努力将内部代码库转换成可投放市场的产品。如果这个想法没有市场需求，这项工作将是徒劳无益的。

从商业角度来看，好的产品想法极具吸引力。但是，如果给不同的客户提供服务，那么在将自己的项目转化为产品推向市场之前，始终应该考虑隐私问题。

10.4.2 隐私问题

隐私对每个数据科学团队，尤其是深受其他业务信任的团队而言是极其重要的。在考虑根据自己的内部代码库或数据开发新产品时，一定要检查计划所用的产品都是可以卖给其他客户的。否则，早晚要从头开始开发产品，这将大大增加开发的费用。有必要咨询一下公司的法务团队，确认计划要做的事情是否符合所有相关的保密协议（non disclosure agreement，NDA）和合同的要求。

另外，需要考虑为内部可重用组件发放许可证，以便合法地在不同的项目中重用。本书不是合规咨询手册，所以如果计划重用软件组件和开发产品，应该多咨询相关的专业人士。

10.5 本章小结

本章介绍了产品思维对定制化项目开发的意义；研究了可重用性的重要性以及如何在数据科学项目的各个阶段开发和集成可重用的软件组件；还讨论了如何在研究与系统实现之间求得平衡；最后介绍了提高项目可重用性的策略，讨论了基于经验开发独立产品的相关条件。

本书的第四部分将介绍如何建立开发基础环境，以及如何选择方便数据科学项目开发和交付的技术栈。首先将介绍 ModelOps，这是模型交付流程自动化的一套实践成果。

第四部分　开发基础环境的构建

本书第四部分旨在开发一个真正能够帮助用户的产品。通常这意味着产生一个稳定的软件，并且能够在实际运行中承受足够的应用压力。任何数据科学产品也是软件产品。团队可以利用已有的软件开发经验绕开重重陷阱。第四部分从总体上介绍了开发和部署数据科学解决方案必须掌握的经验和工具。

第四部分包括以下 3 章：

- 第 11 章　实施 ModelOps
- 第 12 章　建立技术栈
- 第 13 章　结论

第 11 章　实 施　ModelOps

第 11 章将介绍 ModelOps 及其近亲——DevOps，以及讨论如何建立数据科学的开发流程，使项目更可靠、实验可重复、部署更快捷。为此，需要熟悉一般的模型训练流程，了解数据科学项目与软件项目在开发基础设施方面的差异。在本章中可以看到哪些工具能够完成数据版本管理、实验追踪、自动测试以及 Python 环境管理。利用这些工具，可以创建完整的 ModelOps 流程以实现新版本模型的自动交付，同时关注可重现性和代码质量。

第 11 章将包括以下主题：

- 认识 ModelOps。
- 了解 DevOps。
- 管理代码版本和质量。
- 存储数据与代码。
- 管理环境。
- 追踪实验。
- 自动测试的重要性。
- 模型的持续训练。
- 项目的动力源（power pack）。

11.1　认识 ModelOps

ModelOps 是一套用于数据科学项目中的执行模型通用操作的自动化方法，包括：

- 模型训练流程。
- 数据管理。
- 版本控制。
- 实验追踪。
- 测试。
- 部署。

如果没有 ModelOps，团队就得花时间完成那些重复性的工作。虽然每项任务本身很容易完成，但是项目却受损于这些步骤里的错误。ModelOps 有助于建立项目交付流程，其工作原理类似于精准的传送带，包括试图查找代码漏洞的自动测试环节。

下面先从了解 ModelOps 的近亲——DevOps 开始。

11.2　了解 DevOps

DevOps 代表“**开发运维**（development operation）”。软件开发过程包含很多重复性的、容易出错的任务，每当软件完成一次从源代码到最终产品的过程，都应该执行这些任务。

这里考察一下组成软件开发流程的一组活动：

（1）检查代码错误、打字排版错误、不良编码习惯和格式错误。

（2）建立面向一个或多个目标平台的代码。很多应用应该可以在不同操作系统上运行。

（3）按照要求运行一组测试，检查代码是否按预期工作。

（4）代码打包。

（5）部署软件包。

持续集成和持续部署（continuous integration and continuous deployment，CI/CD）要求所有步骤可以而且应该自动地完成并尽可能频繁地运行。经过彻底测试的小更新更为可靠。如果结果不对，恢复这样的小更新要更容易。在推行 CI/CD 之前，人工进行软件交付流程的软件工程师的吞吐量限制了部署速度。

如今，高度定制化的 CI/CD 服务系统使人们摆脱了人工劳动，完全实现了所有必要活动的自动化。它们在源代码版本控制系统之上运行，并监控新的代码变更。一旦出现新的代码变更，CI/CD 服务系统便可以启动交付流程。要实现 DevOps，就需要花一些时间编写自动测试程序和定义软件流程。不过之后，每当需要的时候，流程便能开始工作。

DevOps 冲击了软件开发领域，产生了很多能够提高软件工程师工作效率的技术。与任何技术生态系统一样，专家需要花时间学习和整合这些工具。久而久之，CI/CD 服务系统变得越来越复杂，功能也越来越丰富，很多公司觉得需要有全职的专家才能够管理项目的交付流程。因此，出现了 DevOps 工程师这一角色。

在 DevOps 世界里，很多 DevOps 工具变得越来越容易使用，只需要在用户界面上点击几下即可。有些 CI/CD 解决方案（如 GitLab）能够自动地创建简单的 CI/CD 流程。

CI/CD 基础系统的很多功能可以用于数据科学项目，但还有很多领域没有涉及。本章的后续章节将介绍数据科学项目如何能够利用 CI/CD 基础系统，以及可以用什么工具让数据科学项目的交付自动化更彻底。

11.2.1　数据科学项目基础系统的特殊需求

现代软件项目很可能使用下列基础系统实现 CI/CD：

- 版本控制：Git。

- 代码协同平台：GitHub 和 GitLab。
- 自动测试框架：取决于实现语言。
- CI/CD 服务系统：Jenkins、Travis CI、Circle CI 或者 GitLab CI。

这些技术尚缺少几个对数据科学项目而言至关重要的核心功能：

- 数据管理：用于解决大数据文件存储和版本化问题的工具。
- 实验追踪：用于追踪实验结果的工具。
- 自动测试：用于测试数据密集型应用的工具和方法。

在给出上述问题的解决方案之前，要先了解什么是数据科学交付流程。

11.2.2 数据科学交付流程

数据科学项目包含若干相互依赖的数据处理流程。图 11.1 给出了数据科学项目的一般流程。

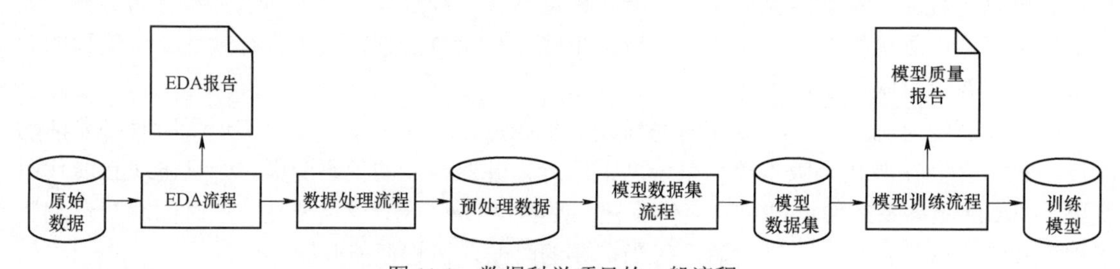

图 11.1 数据科学项目的一般流程

下面快速总结一下图 11.1 中各个阶段的内容：

（1）每个模型流程都从存储于某个数据源里的**原始数据**（raw data）开始。

（2）数学科学家完成 EDA 并生成 **EDA 报告**，以深入理解数据集，发现与数据相关的可能问题。

（3）**数据处理流程**（data processing pipeline）将原始数据转换成中间格式，以更适合产生用于训练、验证和测试模型的数据集。

（4）**模型数据集流程**（model dataset pipeline）产生用于训练和测试模型的即用型数据集。

（5）**模型训练流程**（model training pipeline）利用准备好的数据集训练模型，通过离线测试评估模型质量，生成包含模型测试结果详细信息的**模型质量报告**（model quality reports）。

（6）在整个流程的最后，得到最终产出物——存储在硬盘或数据库里的**训练模型**（trained

model）。

下面接着讨论 ModelOps 的实施策略和代表性工具。

11.3 管理代码版本和质量

数据科学项目涉及很多代码，所以数据科学家需要使用 Git 等**源代码版本控制**（source version control，SVC）系统作为必备工具。利用 Git 最直接的方法是应用代码协同平台，如 GitLab 或 GitHub。这些平台提供可用的 Git 服务器以及代码检查和问题管理等有用的协同工具，这样就使得项目协同工作更加容易。这些平台还提供与 CI/CD 的集成方案，以构成完整的、易于配置的软件交付流程。GitHub 和 GitLab 可免费使用，而且 GitLab 可以进行预安装，因此团队可以毫无顾虑地使用这些平台。

很多团队将 Git 当作最流行的平台之一，但是要知道它并非唯一的选择。有时，人们无法连接互联网或者无法在服务器上安装新的软件，但仍希望能够将代码存储在共享库里。但在如此受限的条件下仍然可以使用 Git。Git 有一个很有用的功能，称作**文件远程共享**（file remotes），它允许将代码推送到几乎任何地方。

例如，可以用 USB 盘或共享文件夹作为远程共享库：

```
git clone --bare /project/location/my-code /remote-location/my-code #copy
your code history from a local git repo
git remote add usb file:///remote/location/my-code
# add your remote as a file location
git remote add usb file:///remote/location/my-code
# add your remote as a file location
git push usb master
# push the code

# Done! Other developers can set up your remote and pull updates:
git remote add usb file:///remote/location/my-code # add your remote as a
file location
git pull usb mater # pull the code
```

通过将 `file:///`路径改为 `ssh:///`路径，还可以将代码推送给局域网上的 SSH（secure shell，安全外壳协议）机器。

大多数数据科学项目采用 Python 作为编程语言，它的静态代码分析和代码编写系统并不像其他编程语言那么普及。开发软件项目时，这些工具能够在每次尝试构建项目时自动整理代码，并检查其是否存在严重的错误和可能的漏洞。Python 也有这样的工具，可以看看代码检查工具 pre-commit（https：//pre-commit.com）。

图 11.2 所示截屏展示了 pre-commit 在 Python 代码库上运行的情景。

```
$ pre-commit run --all-files
[INFO] Initializing environment for https://github.com/pre-commit/pre-commit-hooks.
[INFO] Initializing environment for https://github.com/psf/black.
[INFO] Installing environment for https://github.com/pre-commit/pre-commit-hooks.
[INFO] Once installed this environment will be reused.
[INFO] This may take a few minutes...
[INFO] Installing environment for https://github.com/psf/black.
[INFO] Once installed this environment will be reused.
[INFO] This may take a few minutes...
Check Yaml...........................................................Passed
Fix End of Files.....................................................Passed
Trim Trailing Whitespace.............................................Failed
hookid: trailing-whitespace

Files were modified by this hook. Additional output:

Fixing sample.py

black................................................................Passed
```

图 11.2 pre-commit 在 Python 代码库上运行的情景

在给出了处理代码的相关建议后，现在来看如何能够得到相同的结果，这是数据科学项目的一个组成部分。

11.4 存储数据和代码

如前所述，可以将数据科学项目里的代码结构化，形成一组产生不同产出物（报告、模型和数据）的流程。不同版本的代码产生不同的输出结果，而数据科学家们往往需要重新产生结果或者利用以前流程的产出物。

这一点就将数据科学项目与软件项目区分开来，并且产生了按照代码管理数据版本的需求：**数据版本控制**（data version control，DVC）。通常，不同的软件版本仅用源代码就可以重构，但是对于数据科学项目而言，这是不够的。下面来看当试图利用 Git 跟踪数据集时会出现什么问题。

11.4.1　数据跟踪与版本化

为了在数据科学项目的每个版本之间进行训练和切换，应该连同代码一起跟踪数据的变化。有时，一个完整的项目流程可能需要耗费几天才能完成。为了节约时间，应该存储和整理的不止输入内容，还包括项目中途的数据集。从一个数据集创建若干个模型训练流程很容易，不必每次需要时非得等到数据集流程结束。

构建流程与中间结果的结构化是一个值得特别关注的有趣话题。项目的流程结构决定了哪些中间结果可用。每个中间结果都会产生一个分支点，从这里可以分出若干其他流程。这就为重用中间结果提供了柔性，当然也付出了一定的存储和时间代价。含有很多中间步骤的项目可能会消耗很大的磁盘空间，也会耗费更多的时间，因为磁盘输入和输出需要花费很长时间。

请注意，模型训练流程与应用流程应该是不同的。模型训练流程由于研究的柔性可能有很多中间步骤，而应用流程应该经过了充分的性能和可靠性优化。仅限执行最终应用流程所必需的中间步骤才需要被执行。

存储数据文件对于重现结果是必要的，但是对于理解结果还是不够充分。通过整理数据描述，以及包含团队从数据中挖掘出来的总结和结论的所有报告，可以节省大量时间。如果可能，请用简单的文本格式存储这些文档，以便在版本控制系统中容易跟踪它们以及对应的代码。

可以用下面的文件夹结构存储项目数据：

- 项目根目录：
    - 数据：
        - 原始数据——来自客户的原始数据。
        - 中间数据——数据处理流程产生的中间数据。
        - 预处理数据——模型数据集或输出文件。
    - 报告：EDA 报告、模型质量报告等项目报告。
    - 参考资料：数据词典和数据源文档。

11.4.2　实际的数据存储

前面已经讨论了存储和管理数据以及代码的重要性，但是没有介绍在实际中应该怎么做。Git 等代码版本管理系统其实并不适合存储数据。Git 是专门为存储源代码变更而开发的。Git 内部的每一个变更都存为一个 diff 文件，表示源代码文件中被更改过的代码行。

图 11.3 所示截屏给出了一个简单的 diff 文件示例。

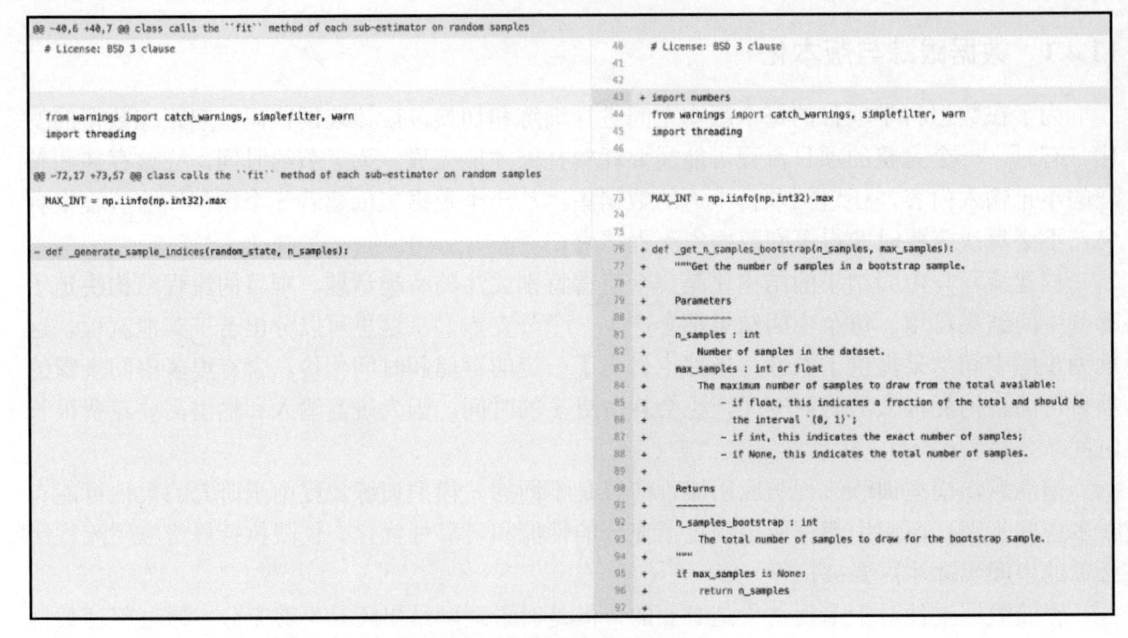

图 11.3　简单的 diff 文件示例

标记“+”号的高亮代码行表示新加的行，而标记“-”号的高亮代码行代表被删除的行。在 Git 里添加大二进制文件或文本文件并不是好事，因为这会导致大量冗余的 diff 计算，从而使库运行速度变慢、规模变大。

diff 文件服务于一个很特别的问题：它们允许开发人员浏览、讨论和在变更之间切换。diff 文件采用行格式，瞄准的是文本文件。相反，二进制数据文件中很小的变化都将会导致产生完全不同的数据文件。在这种情况下，Git 将为每个数据的小修改产生一个巨大的 diff 文件。

通常情况下，不需要逐行浏览或讨论数据文件的变更，所以也就无须计算和存储每个新数据版本的 diff 文件：每次变更时存储整个数据文件反而要简单得多。

随着对数据版本系统的需求的不断增长，出现了几个解决此类问题的技术解决方案。其中，最流行的是 GitLFS 和 DVC。GitLFS 允许在 Git 中存储大文件，而不会产生大的 diff 文件。而 DVC 则更进一步，允许将数据存储在不同的远程位置，如亚马逊的 S3 存储或远程 SSH 服务器。DVC 不仅能实现数据版本控制，还允许通过获取代码及其输入数据、输出文件和指标来创建自动化的可重现流程。DVC 还能处理流程依赖关系图，所以它能自动找到和执行流程的以前步骤，以产生需要作为代码输入的文件。

有了处理数据存储和版本化的工具之后，下面接着介绍如何管理 Python 环境，以便团队不必浪费时间处理服务器上的代码打包问题。

11.5　管理环境

数据科学项目依靠很多开源的库和工具进行数据分析。很多工具都在不断更新，增加新功能，有时就会破坏应用接口。用可共享的格式把握这些依赖关系，可以让每位团队成员使用相同的版本开发各种库。

Python 生态系统有多个环境管理工具，分别关注不同的问题。工具的功能往往存在交叉重叠，选择起来容易混淆，所以这里简单介绍一下这些工具。

（1）**pyenv**（https://github.com/pyenv/pyenv）是一种在单机上管理 Python 部署的工具。不同的项目可以用不同的 Python 版本，而且 pyenv 允许在项目间切换使用不同的 Python 版本之间。

（2）**virtualenv**（https://virtualenv.pypa.io）是一种产生包含不同 Python 包的虚拟环境的工具。虚拟环境对于在不同项目之间切换上下文非常有用，因为它们可能要用到不同版本的 Python 包。

（3）**pipenv**（https://pipenv-searchable.readthedocs.io）比 virtualenv 更进一步。pipenv 致力于为项目自动生成可共享的虚拟环境，方便其他开发人员使用。

（4）**conda**（https://www.anaconda.com/distribution/）是另一个与 pipenv 相似的环境管理系统。conda 之所以在数据科学领域受到欢迎，有以下几个原因：

- 它允许通过 environment.yml 文件与其他开发人员共享环境。
- 它提供 Anaconda Python 部署，其中包含规模达数十亿字节的预装数据科学包。
- 它提供经充分优化的数据分析和机器学习库。科学 Python 包往往需要从源代码构建依赖关系。
- conda 能够安装 CUDA 框架，以及各自喜欢的深度学习框架。CUDA 是一个在 GPU 上优化深度神经网络所需要的专业化计算库。

如果还没开始确定用什么环境管理工具，那么先考虑采用 conda 来管理数据科学项目环境。它不仅可以解决环境管理问题，而且可以通过加速计算节省时间。图 11.4 展示了使用安装了 **pip** 和 **conda** 的 TensorFlow 库的性能差异（可以从链接 https://www.anaconda.com/tensorflow-inanaconda/处获得原文）。

接下来将讨论实验追踪问题。实验是每个数据科学项目的自然组成部分。一个项目可能就包含成百上千次实验的结果。保留实验记录非常重要，这样就可以针对实验结果做出正确的结论。

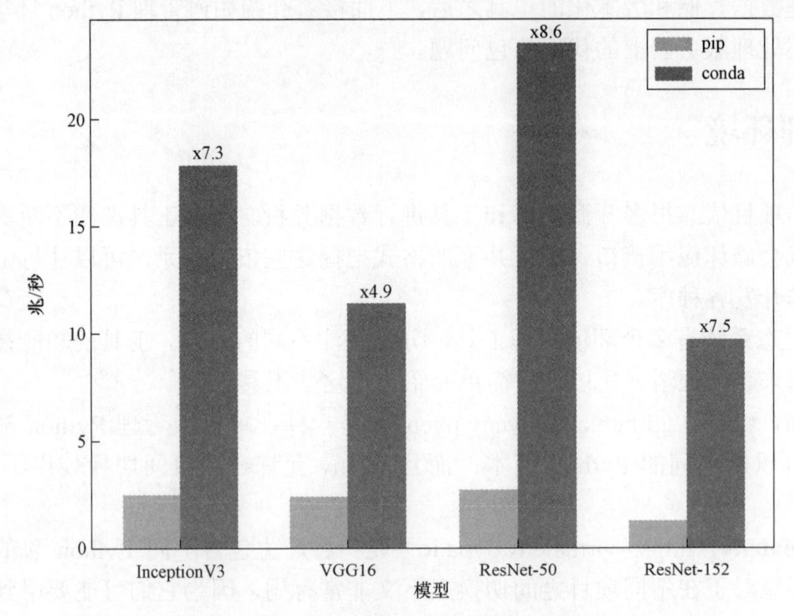

图 11.4 安装不同环境管理系统的 TensorFlow 库的性能差异

11.6 追踪实验

实验是数据科学的核心。数据科学家要做大量的实验，以找到解决手头任务的最好办法。通常情况下，实验发生在与数据处理流程相关的步骤里。

例如，项目可能包含以下实验：

- 特征抽取实验。
- 不同机器学习算法的实验。
- 超参数优化实验。

每个实验都会影响其他实验的结果，所以能够独立地重现每个实验至关重要。追踪所有实验结果也很重要，这样团队就能够比较不同的流程，并按照指标值选择项目的最合适流程。

可以利用链接到数据文件和代码版本的简单数据表文件来追踪所有实验，不过重现实验需要大量的人工作业而且不能保证得到预期的效果。虽然用文件追踪实验需要人工作业，但该方法自有其好处：容易启动，并且容易赋予版本号。例如，可以将实验结果存入简单的 CSV 文件，在 Git 中连同代码一起被赋予版本号。

推荐用于追踪文件的最基本信息包括：

- 实验日期。
- 代码版本（Git 提交哈希值，Git commit hash）。
- 模型名称。
- 模型参数。
- 训练数据集的大小。
- 训练数据集的链接。
- 验证数据集的大小（交叉验证的折数）。
- 验证数据集的链接（交叉验证没有）。
- 测试数据集的大小。
- 测试数据集的链接。
- 指标结果（每项指标一列，每个数据集一列）。
- 输出文件链接。
- 实验描述。

如果实验次数合适，那么文件就容易处理。但是如果项目使用多个模型，而且每个模型都需要大量的实验，那么使用文件就会变得很麻烦。如果一组数据科学家同时进行实验，那么追踪每位团队成员的文件就需要人工合成，而数据科学家最好花时间做更多的实验而不是合成其他成员的实验结果。对于更复杂的研究项目，已有专门用于追踪实验结果的框架。这些工具集成到模型训练流程中，可以自动追踪共享数据库中的实验结果，这样每位团队成员就可以专注于完成实验，而所有记录性的工作则自动完成。这些工具具有丰富的用户界面，可用于搜索实验结果、浏览指标图表，甚至存储和下载实验产出物。利用实验追踪工具的另一个好处是，它们能追踪大量可能使用方便但因繁琐而很难手工收集的技术信息，包括服务器资源、服务器主机名、配置脚本路径以及实验运行中存在的环境变量等。

数据科学领域常用三种主要的开源解决方案进行实验结果追踪。这些工具除了实验追踪之外还有更多的其他功能。这里对每种工具进行简要的介绍：

- **Sacred**：这是一个高级的、具有模块化架构的实验追踪服务器。它有一个用于管理和追踪实验的 Python 框架，可以很容易地集成到已有代码库中。Sacred 也有几个用于浏览实验结果的用户界面。与其他解决方案不同的是，Sacred 专注于实验追踪。它能采集最广泛的信息集，包括服务器信息、指标、产出物、日志，甚至实验源代码。Sacred 拥有最完整的实验追踪手段，但难以管理，因为它需要配置单独的、总是在线的追踪服务器。如果无法访问追踪服务器，团队就无法追踪实验结果。

- **MLflow**：这是一个允许追踪实验、提供模型以及管理数据科学项目的实验工作框架。MLflow 易于集成，既可在客户端-服务器端部署，也可在本地部署。它的追踪功能稍逊于 Sacred，但是对于大多数数据科学项目而言也足够使用。MLflow 还提供基于模板的项目快速启动工具和将训练模型当作 API 的工具，从而能够将实验结果当作应用服务加以快速发布。

- **DVC**：这是一个用于数据版本化和流程管理的工具集。它也提供基本的基于文件的实验追踪功能，但在可用性方面不如 MLflow 和 Sacred。DVC 的长处在于实验管理：可以产生全版本化的、可重现的模型训练流程。利用 DVC，每位团队成员都可以从服务器获取代码、数据和流程，并且只需一个命令就可以重现实验结果。DVC 有一条相当陡峭的学习曲线，但是仍值得学习，因为它能解决很多数据科学项目协作中出现的技术问题。如果量化的追踪需求很简单，那么可以利用 DVC 的预设解决方案，但是如果需要更丰富、更直观的内容，可以将 DVC 与 MLflow 或 Sacred 的追踪功能集成起来，这些工具并不相互排斥。

至此，应该全面了解了哪些工具可以作为项目的组成部分，用于追踪代码、数据和实验。接下来将要讨论数据科学项目的自动测试问题。

11.7 自动测试的重要性

自动测试是软件工程项目中不可或缺的环节。软件代码中微小的变化可能会导致其他部分代码出现意想不到的错误，所以尽可能频繁地检查是否一切按照预期正常工作就显得非常重要。用编程语言编写的自动测试系统可以尽可能多地测试软件系统。CI 原理要求每当代码的一个变更推到版本控制系统时就要进行测试。大量的测试框架适用于所有的主要编程语言。采用这些测试框架，开发人员可以完成产品前台与后台的自动测试。大型软件项目可能包含上千次自动测试，一有代码变更就运行一次测试。测试会消耗大量资源，并且需要大量时间才能完成。为了解决这一问题，CI 服务器可以在多台机器上进行并行测试。

在软件工程领域，可以将所有测试做如下分类：

（1）端到端测试对系统主要功能进行全面检查。在数据科学项目中，端到端测试可在完整的数据集上训练模型，并且检查指标值是否满足最小模型质量要求。

（2）集成测试检查系统的所有组件是否按预期协同工作。数据科学系统的集成测试可能要检查模型测试流程的所有步骤是否成功完成，以及是否提供期望的结果。

（3）单元测试检查单个类和函数。数据科学项目的单元测试可以检查一种方法用于数据处理流程某一步的正确性。

如果软件测试在技术上足够成熟，数据科学项目是否能受益于自动测试呢？数据科学代码与软件测试代码的主要差别在于数据的可靠性。对于大多数软件项目而言，测试之前产生的测试数据集是足够的。但在数据科学项目中，情况则大不相同。模型训练流程的完整测试可能需要数以千兆字节的数据。有些流程可能需要运行数小时甚至数日，需要分布式计算集群，所以这样的测试是不现实的。正因为如此，很多数据科学项目回避了自动测试。结果就是，数据科学项目饱受未意料到的漏洞、连锁效应以及迟缓的变更集成之苦。

连锁效应是一个常见的软件工程问题，其意味着系统某部分的微小变更会以不可预料的方式影响其他部分，结果导致各种错误。自动测试是在连锁效应引发实际损害之前检出它的有效方法。

尽管困难重重，自动测试的好处还是太多以至于不可忽视。忽视测试的结果就是测试比建模的代价更高。不管对数据科学项目还是对软件项目都是如此。项目规模、复杂程度以及团队规模越大，自动测试的好处就越大。如果是复杂的数据科学项目，那么就要将自动测试当作项目的必需要求。

再来看如何实现数据科学项目的测试。模型训练流程的端到端测试可能不现实，但是测试个别的流程步骤又会如何呢？除了模型训练代码，每个数据科学项目还会有一些业务逻辑代码和数据处理代码。大多数代码可以从分布式计算框架中抽取出来，成为容易测试的独立的类和函数。

如果构建项目代码库时从一开始就想着测试，那么测试的自动化就会容易得多。团队中的软件架构师和总工程师应该将代码的可测试性当作代码检查的主要验收标准之一。如果代码正确地被封装和提取的话，测试会更容易。

以模型训练流程为例。如果将该流程分解为一系列有着明确清楚的接口的步骤，那么就可以分别测试数据预处理代码和模型训练代码。如果数据预处理花费大量时间而且需要昂贵的计算资源，至少还可以测试流程的若干环节。即使是基本的功能级测试（单元测试），也能节省大量时间，而且从单元测试转向整体端到端测试要更容易。

为了实现项目的自动测试，应遵循以下指导原则：

- 构思代码架构以确保更好的可测试性。
- 从小处着手，进行单元测试。
- 考虑构建集成测试和端到端测试。
- 坚持下去。谨记，测试可以节省时间，特别是团队不必熬夜纠正新部署代码中未预料到的漏洞。

前面已经介绍了如何在数据科学项目中管理、测试和维护代码质量。接下来将介绍如何打包代码以方便部署。

11.8　代码打包

在为数据科学项目部署 Python 代码时，有以下几个选项：

- **常规 Python 脚本**（regular Python scripts）：只需要将一些 Python 脚本部署到服务器上并运行它们。这是最简单的部署方式，但需要很多人工准备工作：安装所有需要的包，填写配置文件，等等。虽然这些工作可以用 Ansible（https://www.ansible.com/）等工具自动完成，但除非那些无须长期维护的最简单项目，一般不建议采用这种部署方式。

- **Python 包**（Python packages）：利用 setup.py 文件创建 Python 包，是打包 Python 代码更方便的方式。PyScaffold 等工具提供 Python 包的可用模板，所以无须费时构造项目。在利用 Python 包时，Ansible 仍然是自动化人工部署工作切实可行的选项。
- **Docker 镜像**（Docker image）：Docker（https://www.docker.com/）是一种基于 Linux 容器的技术。Docker 可以将代码打包到一个隔离的可移植环境中，以方便在 Linux 机器上部署和扩充。这就像打包、发送和运行各种应用程序以及所有的依赖项，包括 Python 解释器、数据文件以及操作系统发行版，而并不需要重量级虚拟机。Docker 是通过从 Dockerfile 中指定的一组命令来构建 Docker 镜像，从而发挥作用的。Docker 镜像的运行实例称作 Docker 容器（Docker container）。

现在就可以将所有处理代码、数据、实验、环境、测试、打包和部署的工具集成到一个连贯的、交付机器学习模型的流程中。

11.9 模型的持续训练

数据科学项目应用 CI/CD 的最终目标是建立一个持续学习流程，自动产生新版本的模型。这个层次的自动化可以在推出变更代码之后立即检验新的实验结果。如果一切如愿，自动测试结束，且模型质量报告也显示结果不错，那么模型就可以被部署到在线测试环境中。

持续模型学习的步骤如下：

（1）CI：

- 进行静态代码分析。
- 启动自动测试。

（2）持续模型学习：

- 获取新数据。
- 生成 EDA 报告。
- 启动数据质量测试。
- 进行数据处理，产生训练数据集。
- 训练新模型。
- 测试模型质量。
- 将实验结果填入实验日志中。

（3）CD：

- 打包新版本模型。

- 打包源代码。
- 向目标服务器发布模型和代码。
- 启动系统的新版本。

CI/CD 服务器可以自动运行前述流程的所有环节。CI/CD 步骤应该容易实现，因为它们就是创建 CI/CD 服务器的目的。持续模型学习也应该不难，只要流程得以结构化，通过命令行便可以自动启动。DVC 等工具可以帮助建立可重现的流程，这使其成为持续模型学习流程的一个引人关注的解决方案。

下面用实例说明如何为数据科学项目建立 ModelOps 流程。

11.10　案例：开发预测维护系统的 ModelOps

奥利弗（Oliver）是一家大型制造企业 MannCo 的数据科学项目的团队负责人。该企业的工厂分布在国内的多个城市。奥利弗的团队开发了一个预测性维护模型，可以帮助 MannCo 预测和预防贵重设备损坏的情况。设备一旦损坏，就会导致昂贵的维修费用和长时间的生产线停顿。该模型将多个传感器采集的测量数据作为输入，并输出可用于确定诊断维修计划的包概率。

该示例包含若干技术细节。如果对本案例提到的技术不甚了解，可以按照所给链接更好地理解相关细节。

设备的每个零部件都是专用的，因为它在 MannCo 每一个工厂的不同工况下运转。这意味着奥利弗的团队需要不断地调整和训练不同工厂的模型。下面来看他们如何通过建立 ModelOps 流程来解决这个任务。

团队里有几位数据科学家，他们需要一个工具来共享代码。客户要求，为保密起见，所有代码都应该存储在公司的本地服务器上，不能上传到云服务器。奥利弗决定采用 GiLab（https://about.gitlab.com/），因为它是该公司的常用方案。在总体代码管理过程方面，奥利弗建议采用 GitFlow（https://danielkummer.github.io/git-flow-cheatsheet/）。它为每位团队成员提供了一套产生新功能、版本以及补丁的通用规则。

奥利弗知道，可靠的项目结构可以帮助他的团队正确地组织代码、笔记、数据和文档，所以他建议团队利用 PyScaffold（https://pyscaffold. readthedocs.io/）及其用于数据科学项目的插件（https://github.com/pyscaffold/pyscaffoldext-dsproject）。PyScaffold 允许他们开发项目模板，以统一数据科学项目的存储和版本化。PyScaffold 提供了 environment.yml 文件，定义了样板的 Anaconda（https://www.anaconda.com/distribution/）环境，所以团队没有忘记从项目一开始就将包依赖关系锁定在一个版本化的文件中。奥利弗还决定采用 DVC（https://dvc.org/）和公司内部的 SFTP 服务器对数据集进行版本管理。团队还采用—gitlab 标记作为 pyscaffold

命令，这样他们在需要的时候就会有随时可用的 GitLab CI/CD 模板。

项目结构如图 11.5 所示（摘自 pyscaffold-dsproject 文档）。

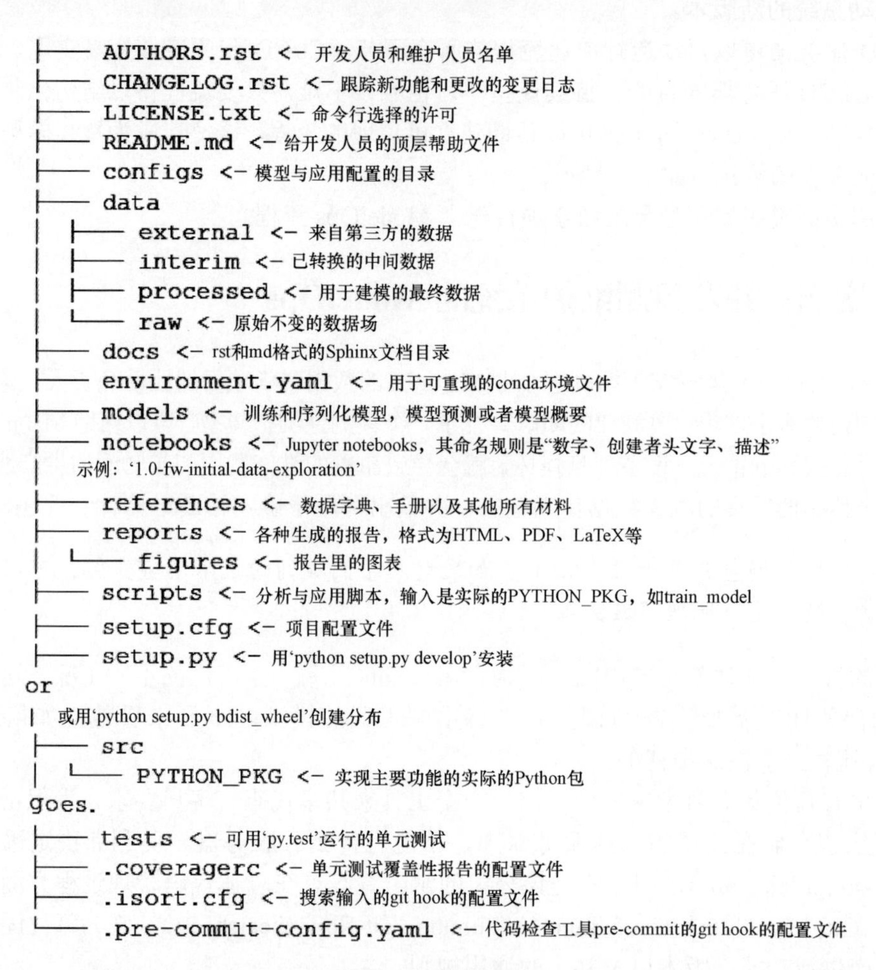

图 11.5 项目结构

项目团队很快就发现，他们需要进行和对比很多实验，以便为不同的工厂建立模型。他们评价了 DVC 的指标跟踪能力。它能用一个简单的 Git 版本化文本文件跟踪所有的指标。对于简单项目而言，这个功能很方便，但在具有多个数据集和模型的项目中，则比较难用。最终，他们决定采用更先进的指标跟踪器——MLflow（https://mlflow.org）。如图 11.6 所示，这个工具提供便捷的用户界面，可以浏览实验结果，还可以利用共享数据库，从而使得每位团队成员都能很快地分享各自的结果。Mlflow 是作为标准的 Python 包安装和配置的，所以它能很容易地集成到项目已有的技术栈中。

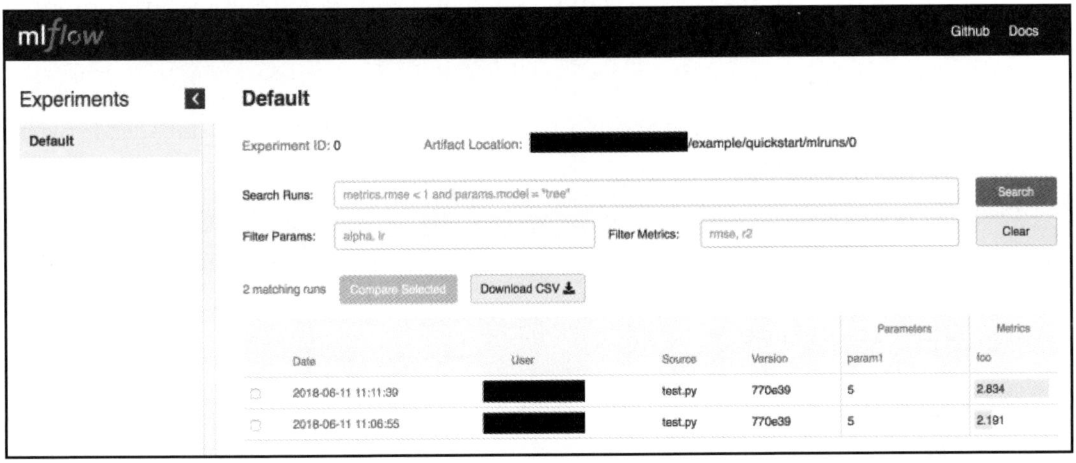

图 11.6　Mlflow 用户界面

该团队还决定采用 DVC 流程，以保证每次实验更容易重现。该团队喜欢用 Jupyter notebooks 建立模型原型，所以他们决定用 papermill（https:// papermill. readthedocs.io/en/latest/）与 notebooks 搭配，因为它们是一组参数化的 Python 脚本。papermill 可以从命令行执行 Jupyter notebooks，而无须启动 Jupyter 的 Web 界面。团队发现与 DVC 流程搭配使用非常方便，但是运行 notebook 的命令行太长：

```
dvc run -d ../data/interim/ -o ../data/interim/01_generate_dataset -o
../reports/01_generate_dataset.ipynb papermill--progress-bar--log-output
--cwd ../notebooks ../notebooks/01_generate_dataset.ipynb
   ../reports/01_generate_dataset.ipynb
```

为了解决这一问题，团队编写了 Bash 脚本，将 DVC 与 papermill 集成起来，这样团队成员无须在电脑上敲命令就可以创建可重现的实验。

```
#!/bin/bash
set -eu

if [ $# -eq 0 ];then
echo "Use:"
echo"./dvc-run-notebook[data subdirectory] [notebook name]-d[your DVC dependencies]"
```

```
echo "This script executes DVC on a notebook using papermill. Before
running create../data/[data subdirectory]if it does not exist and do not
forget to specify your dependencies as multiple last arguments"
echo "Example:"
echo "./dvc-run-notebook interim../notebooks/02_generate_dataset.ipynb-d
../data/interim/"
exit 1
fi

NB_NAME=$(basename -- "$2")

CMD="dvc run ${*:3} -o ../data/$1 -o ../reports/$NB_NAME papermill --
progress-bar --log-output --cwd ../notebooks ../notebooks/$NB_NAME
../reports/$NB_NAME"

echo "Executing the following DVC command:"
echo $CMD
$CMD
```

在一个项目中采用多个开源的 ModelOps 工具，团队可能需要花一些时间将它们进行集成。准备妥当，便可按计划推进。

过了一段时间，部分代码开始复制到 notebooks 里。PyScaffold 模板通过将重复代码封装在项目的包目录（-src）中而解决了此问题。这样，项目团队就可以在 notebooks 之间快速分享代码。为了在本地安装项目的包，他们只是简单地从项目根目录使用了下列命令：

```
pip install -e.
```

临近项目发布日期时，所有稳定的代码库都将迁移至项目的 src 和 scripts 目录。scripts 目录包含一个训练新版本模型的单入口点脚本，而新版本模型输出到由 DVC 跟踪的 models 目录中。

为了确保新的变更没有打断重要的事情，团队采用 pytest（https://docs. pytest.org/）编写了一套自动测试工具，用于稳定的代码库。该测试也用团队创建的一个特殊的测试数据集来检查模型质量。奥利弗修改了 PyScaffold 生成的 GitLab CI/CD 模板，以便测试可以运行任何推送到 Git 库的新提交代码。

客户要求有一个简单的模型应用接口，所以团队决定采用 MLflow 服务器（https://mlflow.org/docs/latest/models.html），因为 MLflow 已经集成到项目里了。为了进一步实现部署和打包过程的自动化，团队决定采用 Docker 和 GitLab CI/CD。为此，他们遵循 GitLab 的规则，建立了 Docker 镜像（https:// docs.gitlab.com/ee/ci/docker/using_docker_build.html）。

项目的整体 ModelOps 过程包括以下步骤：

（1）产生新的代码变更。

（2）运行代码质量和格式（PyScaffold 提供）的 pre-commit 测试。

（3）在 GitLab CI/CD 中运行 pytest 测试。

（4）在 GitLab CI/CD 中将代码和训练模型打包成 Docker 镜像。

（5）将 Docker 镜像推送到 GitLab CI/CD 中的 Docker 注册表。

（6）在 GitLab 的用户界面进行人工确认后，在客户服务器上运行 update 命令。该命令只是将新版本而非旧版本的 Docker 镜像从注册表推送到客户服务器上并运行它。如果不知道在 GitLab CI/CD 中如何做，请查看这里 https://docs.gitlab.com/ee/ci/environments.html#configuringmanual-deployments。

注意，在实际项目中会将部署分为至少两种不同的环境——模拟环境（staging）和生产环境（production）中的若干步骤。

创建端到端的 ModelOps 流程打通了部署过程，使得团队在进入生产应用之前就可完成错误查纠，以便团队能够专注于模型构建而非进行重复性的新版本模型测试与部署工作。

本章最后将介绍可用于构建 ModelOps 流程的工具列表。

11.11　项目的动力源

数据科学领域有大量的开源工具，可用于 ModelOps 流程的构建。有时，很难在产品、工具和库的无尽头的列表中确定有用的工具，所以下面的这个工具列表可能会对项目有所帮助。

面向 Python 的**静态代码分析工具**有：

- Flake8（http：//flake8.pycqa.org）——Python 代码的格式检查器。
- MyPy（http：//www.mypy-lang.org）——Python 的静态类型（static typing）。
- wemake（https://github.com/wemake-services/wemake-pythonsty leguide）——Flake8 的改进版。

有用的 **Python** 工具有：

- PyScaffold（https://pyscaffold.readthedocs.io/）——项目模板引擎。PyScaffold 能够设置

项目结构。Dsproject 扩展（https://github.com/ pyscaffold/pyscaffoldext-dsproject）包含一个良好的数据科学项目模板。

● pre-commit（https://pre-commit.com）——用于自行设定 Git 钩子的工具。每次提交代码后，Git 钩子就运行一次。即使在决定采用 CI/CD 服务器之前，也可以将自动格式化、代码格式化以及其他工具集成到构建流程中。

● pytest（https://docs.pytest.org/）——Python 测试框架，可以使用可重用的工具来构造测试。当测试数据依赖性较强的数据科学流程时，它可以派上用场。

● Hypothesis（https://hypothesis.works）——用于 Python 的模糊测试框架，它基于有关函数的元数据创建自动测试。

CI/CD 服务器包括：

● Jenkins（https://jenkins.io）——一种流行的、稳定、较老的 CI/CD 服务器解决方案。它有很多功能，但与更现代的工具相比，用起来有点麻烦。

● GitLab CI/CD（https://docs.gitlab.com/ee/ci/）——一个免费的 CI/CD 服务器，有云版本和本地配置版本。该服务器易于安装与使用，但要求属于 GitLab 生态系统，这也许不是什么坏决策，因为 GitLab 是目前最好的协同平台之一。

● Travis CI（https://travis-ci.org）和 Circle CI（https://circleci.com）——一种云 CI/CD 解决方案。如果是在云环境开发项目，可以采用它。

实验追踪工具包括：

● MLflow（https://mlflow.org）——可用于本地和共享客户端-服务器环境的实验追踪框架。

● Sacred（https://github.com/IDSIA/sacred）——一个功能丰富的实验追踪框架。

● DVC （https://dvc.org/doc/get-started/metrics）——使用 Git 的、基于文件的指标追踪解决方案。

数据版本控制工具有：

● DVC（https://dvc.org/）——数据科学项目的数据版本控制。

● GitLFS（https://git-lfs.github.com）——将大型文件存储在 Git 里的通用解决方案。

流程工具有：

数据科学项目的可重现流程。

● DVC（https://dvc.org/doc/get-started/pipeline）。

● MLflow Projects（https://mlflow.org/docs/latest/projects. html）。

代码协作平台包括：

● GitHub（https://github.com/）——世界上最大的开源库，也是最好的代码协作平台之一。

- GitLab（https://about.gitlab.com）——功能丰富的代码协作平台，有云部署版本和本地部署版本。
- Atlassian Bitbucket（https://bitbucket.org/）——来自 Atlassian 的代码协作解决方案，与它们自己的其他产品如 Jira issue tracker 和 Confluence wiki 集成良好。

代码部署工具有：

- Docker（https://www.docker.com/）——一种用来管理容器并将代码打包到独立的、容易在任何 Linux 机器上部署和扩展的可移植环境中的工具。
- Kubernetes（https://kubernetes.io/）——一个用于实现部署、扩展和容器化应用自动化的容器集成平台。
- Ansible（https://www.ansible.com/）——一种配置管理和自动化工具，如果在部署中不采用容器的话，则可以方便地用于部署自动化和配置。

11.12　本章小结

本章介绍了 ModelOps——一组实现数据科学项目通用操作自动化的工具。本章首先阐述了 ModelOps 与 DevOps 的关系，并描述了 ModelOps 流程的主要步骤；介绍了代码管理、数据版本化、团队成员间共享项目环境等策略；也阐明了实验追踪和自动测试对于数据科学项目的重要性；最后概述了模型持续训练的完整 CI/CD 流程，汇总了可用于该流程构建的一套工具。

第 12 章将介绍如何建立和管理数据科学的技术栈。

第12章 建 立 技 术 栈

技术选择有持续的影响。项目的技术栈（technology stack，产品或项目实现所依赖的软件基础组件）决定了系统的功能性与非功能性的能力，所以做出深思熟虑的选择至关重要。技术与需求的双向关联为通过将技术特性与项目需求相匹配而在不同技术中做出取舍提供了一种分析方法。本章将介绍如何利用软件设计经验建立项目专用技术栈，以及哪些技术应该构成所有项目可以共享的核心技术栈。第 12 章还将介绍一种技术比较的方法，以便能在相似技术中做出合理的选择。

第 12 章将讨论以下主题：

- 定义技术栈的要素。
- 核心技术与项目专用技术的选择。
- 比较工具与产品。

12.1 定义技术栈的要素

技术栈是团队交付产品和完成项目所用到的一套工具。选择技术要从定义目标和认真梳理需求开始。之后就能看到哪些技术将帮助团队达成最终目标。

构建技术栈与设计软件架构密不可分，所以团队的工程师们应该从起草一个能够满足所有需求的系统设计开始。软件架构是一个宽泛而深入的技术话题，所以本章不做深入讨论。本章只概述一些必要的步骤，以方便选择那些实现具体目标的最佳技术。这些主要步骤是：

（1）收集需求，清楚地定义目标。

（2）选择一组项目架构视图。架构视图包含系统某些方面的图形和文本描述。架构视图的重要示例如下：

- **架构基础视图**（infrastructure view）：表示系统的物理部分。服务器、存储阵列、网络等要在该视图中梳理清楚。
- **组件视图**（component view）：表示准备开发的软件系统的逻辑组件。组件视图应该定义系统的独立部分以及它们通信的接口。
- **部署视图**（deployment view）：将组件视图的逻辑表达与架构基础视图的物理实体匹配起来。部署视图应该描述系统组件如何交付给对应的硬件。
- **其他视图**（other views）：软件架构的不同设计方法论定义了很多有用的视图。例如，

ArchiMate 2.1 规范定义了不同相关方可用的 18 种架构视图。为了简单起见，这里只介绍会影响技术栈的主要视图，其他的略去。

（3）根据需求和团队已经开发的软件设计方案，定义用于系统开发和运维的技术的必要功能列表。不要忘记包括那些用于优化系统的实验、开发、交付与运维的交叉技术。交叉技术不一定有助于发现特定的功能需求，但是总体上对项目是有益的。实验跟踪框架、数据版本控制系统以及 CI/CD 服务器都是交叉技术的例子。

举例说明，现在需要建立一个客户流失预测系统的技术栈。公司客户已经定义了如下客户流失预测模块的需求列表。这里省略了一些技术细节以便能聚焦整个过程。

（1）处理营销数据库中的数据，其中包括客户信息。数据集的规模不超过 5GB 的原始数据。

（2）每周（每周一）用一周的数据训练客户流失预测模型。应该将一个月内没有购物的客户当作流失客户。

（3）利用远程 API 调用，将潜在的客户流失情况通报给团队。这项服务应该在工作日提供。

需求分为两类：**功能性需求**（functional requirement，FR）和**非功能性需求**（nonfunctional requirement，NFR）。FR 包括所有与系统的那些影响核心用例和最终用户的功能相关的需求。NFR 包括所有通常用于系统的需求并定义系统工作的一组约束条件。服务水平协议和可用性需求都是 NFR 的例子。

团队将客户需求进行了如下归类：

（1）FR：

- **FR1**：系统必须与公司客户的营销数据库集成。
- **FR2**：系统必须提供客户流失预测模型。一个月内没有购物的客户当作流失客户。
- **FR3**：系统必须调用远程 API，将潜在的客户流失情况通报给营销部门。
- **FR4**：模型应该在每周一运行。

（2）NFR：

- **NFR1**：系统应该处理每周 5GB 的数据。
- **NFR2**：API 应该在工作日可用。

基于这个需求表，团队完成了图 12.1 所示的系统设计，该图是用 Archi 软件（https://www.archimatetool.com/）按照 ArchiMate 2.1 方式绘制的。

图 12.1 包含两层：软件实施层和基础层。

软件实施层描述了不同组件和服务之间的关系。

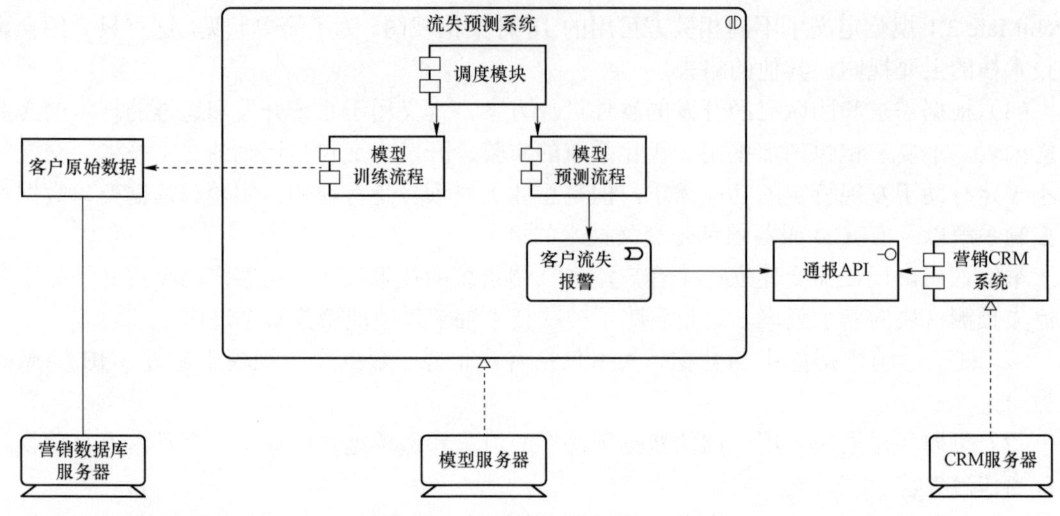

图 12.1 客户流失预测系统设计

- **客户原始数据**（raw customer data）：表示流失预测系统所用的原始数据。
- **模型训练流程**（model training pipeline）：表示一组数据处理和模型训练的步骤，组合起来作为软件组件。
- **模型预测流程**（model prediction pipeline）：表示负责利用训练模型进行流失预测并发出客户流失警报的组件。
- **调度模块**（scheduler）：通过运行基于调度计划的流程来协调其他各个组件。
- **客户流失警报**（customer churn alerts）：潜在客户流失的通报事件。
- **营销 CRM 系统**（marketing CRM system）：已部署并应用的公司客户的 CRM 系统。
- **通知 API**（notification API）：在 CRM 系统中创建客户情况通报的服务。

基础层描述了软件在特定硬件资源上的物理部署，包括以下三个组件。

- **营销数据库服务器。**
- **模型服务器。**
- **CRM 服务器。**

图 12.1 所示的软件架构图为了简单起见省去了很多技术细节，因为此处的目的只是想说明如何选择技术。接下来的内容并非想深入介绍软件架构这一宽广的领域，而是大致介绍将需求转成具体技术选择的过程。理解这个过程有助于引导专家团队选择有效的技术栈。这个项目对团队而言似乎并不非常复杂，任务也相当普通。团队决定采用一套通用的交叉技术，作为公司标准完成每个项目。

- Python 作为编程语言。

- Git 作为源代码版本控制工具。
- DVC 作为数据版本控制工具。
- GitLab CI/CD 作为 CI/CD 服务器。
- Jupyter Notebook 作为数据分析和数据可视化工具。

为了实现 FR，团队决定采用以下技术：

- **FR1**：用 SQLAlchemy library 访问数据库。
- **FR2**：scikit-learn 作为机器学习库。
- **FR3**：要求有 API 调用。团队还决定用独立数据库存储预测结果和模型执行日志。
- **FR4**：团队决定采用 cron（能根据预设调度表运行命令的一种流行的 Unix 调度系统）作为调度主解决方案。

为了实现 NFR，团队决定采用下列技术：

- **NFR1**：执行负载测试，并确定模型训练所需的最低服务器配置。根据团队以往的经验，一个具有 8 个 CPU、1GB RAM 和 15GB HDD 的虚拟服务器应该够用，所以他们以这个配置作为测试配置基准。
- **NFR2**：团队决定要求提供更多详细的 API 使用信息，并询问公司客户期望每天需要多少请求。结果是，每天最多执行 10 次 API，所以一台 API 服务器就能满足可用性需求。

本节讨论了如何开发项目专用的技术栈。但是，还有一个技术选择需要关心的重要维度：团队的专业知识和技能。下节将介绍团队与项目技术栈之间的关系。

12.2 核心技术与项目专用技术的选择

技术选择有助于项目需求实现，但考虑团队的专业知识和能力以及约束也是至关重要的。例如，如果团队完全由 Python 开发人员组成，那么选择 Julia 作为基本编程语言可能就是个馊主意，即便团队觉得它更适合项目。因为：

- 团队所有成员要花时间学习一种新的语言，这实际上会损害采用这项技术能带来的工作效率。
- 团队的结论可能过于乐观，因为他们对新技术不甚了解。

如果团队秉承成长型思维并不断获取新知识的话，上述风险将减弱，但是不会完全消除。

团队的核心专业知识限制了在项目中能够采用什么技术。如果想要有更多的选项，重要的是分别开发团队的技术栈。持续的内部研究过程应该使团队成员始终掌握最新的核心技术。可以通过调整项目所需的核心技术栈来构建项目专用技术栈。

可以将内部技术研究过程看作一项单独的长期项目，最好用 Kanban 进行管理：

（1）团队的某位成员发现了一项可能有用的技术。

（2）有经验的团队成员对该技术进行快速评估。如果觉得该技术有前景，团队就将其列为内部待研究事项。

（3）一旦团队负责人决定投入时间开展内部研究，团队就开始梳理待办事项。团队将待办任务按照 **SMART** 准则进行排序，并进一步明确任务定义。

（4）任务责任人从待办任务中选取一项任务，并尽快完成它。如果他们遇到障碍，应该及时报告和处理，最好能得到团队其他成员的帮助。

（5）一旦研究完成，任务责任人用文档或口头汇报的方式报告研究结果，以便团队能够决定是否将此技术列入核心技术栈。

（6）如果决定是肯定的，就要制订培训计划，使技术得到内部的广泛接受。这项任务的主要结果是准备一次研讨会、一份指南手册、一份指导说明书或者其他培训资料，团队新老成员可用来熟悉该项技术。

核心技术栈不应该包括那些只适用于少数项目的过于具体的技术。本节内容的唯一目的是帮助团队构建解决项目绝大多数需求的技术基础。团队关注的范围越宽，核心技术栈就应该越通用。如果整个团队开发的是一个特定产品，那么项目专用技术栈和核心技术栈就要合成一体。

调整核心技术栈以支持新项目的过程如下：

（1）确定项目需求。

（2）明确核心技术栈能够满足哪些需求。

（3）如果核心技术栈与某些需求冲突，请寻找替代技术。

（4）如果核心技术栈满足不了某些需求，请寻找可集成到核心技术栈中的新技术。

（5）项目结束时，请评价添加到项目的新技术，确定它们是否符合核心技术栈。

经过上述过程，通常可将不确定的、凭感觉决定的技术选择转换成逻辑一致的、产生有意义决策的一系列步骤。但是，即便最认真的需求分解也会让团队困惑于技术选择，因为在不同的框架、库以及平台之间有很多交集和替代方案。下一节将讨论如何在大量的技术中做出选择。

12.3 比较工具与产品

12.3.1 如何比较不同的工具与产品

*选 R 还是 Python？TensorFlow 和 Pytorch 哪个更好？*网络上充满了这样关于“为了做 *Y*，哪个是最好的 *X*”的争论。这些讨论无休无止，就是因为没有什么一剑封喉的技术。每个专业团队都有他们自己的应用案例，这使得特定的技术对他们来说是可行的。没有什么技术可

以满足所有人的需求。

X 还是 Y? 这样的争论在项目团队内部也是屡见不鲜，这是工程师们花费了时间却最没意义的活动。如果从关于 X 或 Y 的争论转向寻找适合具体需求（表述清楚、分类明确、整理成文档的）的技术的话，就能事半功倍。选择最新最炫的技术对于数据科学家和软件工程而言就如同玩俄罗斯轮盘赌。这里讨论一下如何做出关于技术栈的深思熟虑的决策。

为了做出有意义的技术选择，需要让这个过程更系统化。首先，需要制定一套比较准则，这些准则可用于技术的对标分析并提供研究活动的模板。这些准则应该测试不同维度或类别的需求，从而能让技术在具体应用中发挥作用。

下面通过一个案例来说明如何比较不同的技术。

12.3.2 案例：物流公司的需求预测

假设需要为一个项目选择时序预测框架。团队主要使用 Python，并且必须提供一个时序数据预测工具。该系统的主要目标是对公司推向市场的一些产品的需求进行预测。团队发现有很多不同的预测框架。

为了做出选择，团队制定了技术比较准则，见表 12.1。

表 12.1 技术比较准则

ID	需求定义	实证	分值	优先度
		开发难易度（ease of development）		
D1	兼容 Python	Python 是团队的主要编程语言	3	必要
D2	兼容 scikit-learn 接口	团队有丰富的利用 scikit-learn 库的经验。如果时序预测库兼容 scikit-learn 库的话会更方便	2	重要
D3	文档化功能好		1	补充
D4	预测处理只需十行代码以下		1	补充
D5	时序作为原始数据类型	框架应该处理原始时序数据，团队不必在数据准备和特征工程上另花时间	2	重要
		预测算法需求（forecasting algorithm requirements）		
F1	不需要人工调参	因为库用于大量时序处理，人工调整模型不现实。工具应该支持自动调参或者无论选择哪个超参都稳定，从而能在默认条件下提供良好的预测	3	必要
F2	提供多种预测方法	有多种预测方法，就能够评价多个模型，选择最适合每个具体时序的模型	1	补充

续表

ID	需求定义	实证	分值	优先度
F3	处理季节性时序	客户数据中的所有时序都有季节性	3	必要
F4	提供预测结果的置信区间	置信区间可用于为每个预测提供不确定性范围，客户认为这是有用的功能	2	重要
		性能与数据需求（performance and data requirements）		
P1	完成 100 个数据点的时序预测，不超过 15 秒	大量的时序限制了能花在单个时序上的时间总量	2	重要
P2	能够处理带有可变长度和空数据的时序	数据质量不理想，数据间存在距离。有些物品比其他物品有更多的历史数据	2	重要

表 12.1 包括以下内容：

- **ID**：在技术框架对比表（见表 12.2）里用作短识别符。
- **需求定义**（requirement definition）：应该描述所要关注的能力。
- **实证**（substitution）：应该提供需求背后的动机。
- **分值**（score）：表示需求的相对重要程度，用于概括每个需求类。
- **优先度**（priority）：表示每项需求的必要性，并提供每项技术的附加分值。

接着，团队准备了需要比较的框架清单，如下：

- **pmdarima**（https://www.alkaline-ml.com/pmdarima/）
- **statsmodels.tsa**（https://www.statsmodels.org/stable/tsa.html）
- **Prophet**（https://github.com/facebook/prophet）
- **LightGBM**（https://lightgbm.readthedocs.io/en/latest/）和 **tsfresh**（https://tsfresh.readthedocs.io/en/latest/）

团队也完成了技术框架对比表，见表 12.2。

表 12.2 可以进一步总结为表 12.3。

表 12.2　　技术框架对比表

框架	D1（M）	D2（I）	D3（S）	D4（S）	D5（I）	F1（M）	F2（S）	F3（M）	F4（I）	P1（I）	P2（I）
pmdarima	3	2	0	2	3	3	0	3	2	0	0
statsmodels.tsa	3	0	2	0	3	0	1	3	2	2	0
Prophet	3	0	2	2	3	3	0	3	2	0	2
LightGBM 和 tsfresh	3	2	2	0	0	0	0	3	0	2	0

表 12.3　需求及其满足程度对比表

框架	开发难易度得分	预测与算法需求得分	性能与数据需求得分	必要需求满足程度	重要需求满足程度	补充需求满足程度
pmdarima	10/12	8/9	0/4	3/3	3/5	1/3
statsmodels.tsa	8/12	6/9	2/4	2/3	3/5	2/3
Prophet	10/12	8/9	2/4	3/3	3/5	2/3
LightGBM 和 **tsfresh**	7/12	3/9	2/4	2/3	2/5	1/3

如果愿意，还可以用加权平均值将每个框架的得分转换为一个数字。但是，请谨记，如果做得不正确的话，将复杂决策简化为一个数字会出问题的。

以上研究结果表明，对照初始需求，Prophet 是较好的选择。但是，这个结果并不意味着 Prophet 是所有应用的最佳选择。技术选择应该是有偏好和倾向性的，因为没有什么技术能够包打天下。例如，如果团队考虑期望的平均指标值，那么排序可能就会完全不同。这时，其他的框架就可能胜出，因为它们能提供更准确的模型。

12.4　本章小结

第 12 章介绍了如何根据需求而不是宣传炒作来选择技术；也讨论了如何梳理需求以及从软件架构角度明确技术栈的主要要素；最后讨论了核心技术栈和项目专用技术栈的区别，验证了比较不同技术的一种分析方法。

第 13 章为本书总结。

第13章　结　论

感谢阅读本书的读者！真诚希望这本书能够讲清楚数据科学项目的整体管理方法。数据科学管理是一个多维度的主题，需要管理者表现出技术、组织和战略能力，以便他们能够在某个组织内实施数据科学战略。

首先，数据科学经理需要理解数据科学能够干什么以及它的技术局限性。如果不理解基本概念，那么非常容易误解工作伙伴或者给客户提供令人失望的项目结果。本书的“什么是数据科学”部分描述了机器学习和深度学习的基本概念，包括机器学习算法中的数学概念的解释；讨论了技术和业务指标，定义了数学优化问题，介绍了统计学和概率。这些概念可以帮助读者理解机器如何利用最大似然估计进行学习。特别是，可以用这个数学框架解释几乎所有的机器学习算法。同时也应了解，没有万能的机器学习算法，正如没有免费午餐定理所说的。该定理指出，如果用所有可能的数据集和任务来测度一个机器学习算法的准确率的话，那还不如随随便便用一个算法就行。

接着，本书进入“项目团队的组建与维持”部分。该部分介绍了如何平衡长期和短期团队的建设目标，讨论了过于烦琐的技术面试的缺点以及如何避免。其主要思想是，了解自己需要什么，然后寻找具有特定技能的人而不是无所不能的数据科学家。该部分还讨论了如何利用实际经验完成数据科学面试；讨论了团队均衡的概念，这是形成团队长期稳定性、促进团队成长壮大的重要概念；也涉及了成长型思维这一重要话题。经过自己的实践，读者也能为团队做出榜样。

“数据科学项目的管理”部分聚焦于项目管理。从纵览创新和营销开始，该部分阐述了创新与数据科学之间的联系，提出了不同类型组织管理创新的高层战略；介绍了较低规模的数据科学项目管理，验证了用于管理单个项目的过程；接着基于 CRISP-DM 定义了数据科学项目生命周期，归纳了交付数据科学解决方案时客户、管理者以及实施团队会犯的常见错误；也涉及了软件的可重用性话题，指出创建可重用组件能够方便项目开发、提升团队业务潜力。

“创建开发基础设施”部分讨论了数据科学项目的工程问题。该部分讨论了如何基于客户需求以及自有的核心技术专业知识创建技术栈；最后说明了如何创建对比指标以便在不同技术中做出选择。

13.1　增进知识

如果想继续增进数据科学管理的知识，下面是一个书单：

（1）机器学习（**machine learning**）：

- *An Introduction to Statistical Learning*，Rob Tibshirani 和 Robert Hastie（著）（http://faculty.marshall.usc.edu/gareth-james/），附带 MOOC（https://lagunita.stanford.edu/courses/HumanitiesSciences/StatLearning/Winter2016/about）。该书代码是用 R 语言编写的，但是即使只对 Python 感兴趣，该书还是值得一读。该书主要介绍相关理论，与读者喜好的编程语言无关。
- *Introduction to Machine Learning with Python*，Andreas C. Müller（著）（https://www.amazon.com/Introduction-Machine-Learning- Python-Scientists/dp/1449369413）。

（2）深度学习（**deep learning**）：

- *FastAI course*，Jeremy Howard（著）（http：//fast.ai）。
- *Deep Learning*，Ian Goodfellow（著）（https://www.amazon. com/Deep-Learning-Adaptive-Computation-Machine/dp/ 0262035618/）。

（3）软件架构（**software architecture**）：

- *Designing Data-Intensive Applications*，Martin Kleppmann（著）（https://www.amazon.com/Designing-Data-Intensive-Applications-Reliable-Maintainable/dp/1449373321）。
- *Documenting Software Architectures：Views and Beyond*，Paul Clements，Felix Bachmann，Len Bass，David Garlan，James Ivers，Reed Little，Paulo Merson，Robert Nord，Judith Stafford（著）（https://www.amazon.com/Documenting-Software-Architectures-Views-Beyond/dp/0321552687/）。

（4）软件工程（**software engineering**）：

- *Fluent Python*，Luciano Ramalho（著）（https://www.amazon. com/Fluent-Python-Concise-Effective-Programming/dp/ 1491946008）。
- *The Pragmatic Programmer*，Andrew Hunt 和 David Thomas（著）（https://www.amazon.com/Pragmatic-Programmer-Journeyman-Master/dp/020161622X）。

（5）创新管理（**innovation management**）：

- *The Innovator's Dilemma*，Clayton M. Christensen（著）（https://www.amazon.com/Innovators-Dilemma-Revolutionary-Change-Business/dp/0062060244）。
- *Crossing the Chasm*，Geoffrey Moore（著）（https://www.amazon.com/Crossing-Chasm-3rd-Disruptive-Mainstream/dp/0062292986/）。
- *The Lean Startup*，Eric Ries（著）（https://www.amazon.com/Lean-Startup-Entrepreneurs-Continuous-Innovation/dp/B005MM7HY8）。

（6）项目管理（**project management**）：

● *The Deadline*，Tom DeMarco（著）（https://www.amazon.com/ Deadline-Novel-About-Project-Management-ebook/dp/ B006MN4RAS/）。

● *Peopleware： Productive Projects and Teams*，Tom DeMarco 和 Tim Lister（著）（https://www.amazon.com/gp/product/ B00DY5A8X2/）。

（7）情绪智力（**emotional intelligence**）：

● *Emotional Intelligence*，Daniel Goleman（著）（https://www.amazon.com/Emotional-Intelligence-Matter-More-Than/dp/055338371X）。

● *Never Split the Difference*，Chris Voss（著）（https://www.amazon.com/Never-Split-Difference-Negotiating-Depended/dp/0062407805）。

13.2 本章小结

恭喜读完了这本书！作者希望本书能够帮助读者深入了解数据科学知识，系统掌握数据科学项目的管理技术。请不要将了解的数据科学理论置于脑后。为了掌握本书介绍过的概念，读者应该将它们应用到日常工作中去。作者也强烈推荐读者养成成长型思维，如果尚不具备的话。读者会惊讶于自己日复一日不断学到的新知识，哪怕是很小的知识点。没有哪本书可以全面覆盖数据科学管理的方方面面，但是读者可以通过参阅本章提到的书籍或者发现属于自己的数据科学实践方向而继续自己的探知旅程。

作者与审阅者

作者简介

Kirill Dubovikov 是 Cinimex DataLab 数据实验室的首席技术官，有为顶级俄罗斯银行设计和开发复杂软件解决方案超过十年的经历。目前，他领导着公司的数据科学部门。他的团队为遍布世界的公司企业提供切实可行的机器学习应用服务。他们的解决方案覆盖广泛的主题，包括销售预测和仓储管理、IT 支持中心的自然语言处理（NLP）、算法营销以及预测性 IT 运营。

Kirill 是两个男孩的幸福父亲。他喜欢学习任何新事物、读书，以及为顶级媒体刊物撰写文章。

审阅者简介

Phuong Vo. T.H 是越南 FPT Telecom 公司的数据科学管理人员。她毕业于韩国崇实大学（Soongsil University），获得计算机科学硕士学位。她在用户行为分析和为业务优化构建推荐或预测系统方面经验丰富。她喜欢阅读机器学习和数学相关的算法书籍以及数据分析方面的文章。

Jean-Pierre Sleiman 是法国巴黎银行负责集团零售业务人工智能战略的项目主管。他的工作范围从为企业提供业务数据和分析用例到共同规划集团针对人工智能的目标运营模式。Jean-Pierre 介入数据分析和人工智能项目已超过三年，参与了多项计划，包括数据战略规划、多学科团队中数据产品和服务的实施管理等。他也是巴黎高等商学院和巴黎综合理工大学的商务数据科学理学硕士的讲师，在那里他参与开发课程内容，并为“数据科学项目管理与数据项目业务案例”课程制作了动画。

Packet 正在寻找像您一样的作者

如果您有兴趣成为 Packet 的作者，请访问 authors.packtpub.com 立刻申请。我们已经与上千位和您一样的开发人员、专业技术人员友好合作，帮助他们与全球技术界分享他们的真知灼见。您可以提出一般申请，申请某个我们正在寻找作者的热门话题，或者向我们提出您自己的想法。